城市更新背景下的城市规划设计

周小颜 郭 颖 梁 创 主编

中国建设科技出版社有限责任公司
China Construction Science and Technology Press Co., Ltd.
北 京

图书在版编目（CIP）数据

城市更新背景下的城市规划设计/周小颜，郭颖，梁创主编．--北京：中国建设科技出版社有限责任公司，2025.8．-- ISBN 978-7-5160-4536-7

Ⅰ.TU984.2

中国国家版本馆CIP数据核字第20255B91Y7号

城市更新背景下的城市规划设计
CHENGSHI GENGXIN BEIJINGXIA DE CHENGSHI GUIHUA SHEJI
周小颜　郭　颖　梁　创　主编

出版发行：	中国建设科技出版社有限责任公司
地　　址：	北京市西城区白纸坊东街2号院6号楼
邮　　编：	100054
经　　销：	全国各地新华书店
印　　刷：	北京联兴盛业印刷股份有限公司
开　　本：	787mm×1092mm　1/16
印　　张：	10.75
字　　数：	260千字
版　　次：	2025年8月第1版
印　　次：	2025年8月第1次
定　　价：	78.00元

本社网址：www.jskjcbs.com，微信公众号：zgjskjcbs
请选用正版图书，采购、销售盗版图书属违法行为
版权专有，盗版必究。本社法律顾问：北京天驰君泰律师事务所，张杰律师
举报信箱：zhangjie@tiantailaw.com　　举报电话：（010）63567684
本书如有印装质量问题，由我社事业发展中心负责调换，联系电话：（010）63567692

编 委 会

主　编：周小颜（广西安全工程职业技术学院）
　　　　　郭　颖（广州市城市规划勘测设计研究院有限公司）
　　　　　梁　创（东莞市松山湖高新区管委会自然资源局）
副主编：潘佩君（中交铁道设计研究总院有限公司）
　　　　　朱　瑞（云南保利实业有限公司）
　　　　　郭国恒（广东省城乡规划设计研究院科技集团股份
　　　　　　　　有限公司）
编　委：颜　文（重庆大学建筑规划设计研究总院有限公司）
　　　　　董秋辰（北京金都园林绿化有限责任公司）

前　言

在当代社会，城市更新的内涵与城市发展水平紧密关联。一般而言，城市发展水平越高，城市更新所涵盖的内容便越宽泛。城市更新已不再局限于单纯的城市建筑环境改造，而是演变为一项与城市发展休戚相关的系统性战略工程。唯有深入且科学地理解城市更新的基本内涵，精准把握其基本特征，切实领会其基本原则，方能充分发挥城市更新的动力机制效能，以前瞻性视角制定切实可行的城市更新规划，最终实现我国城市更新的宏伟目标。

在城市更新的时代背景下，城市规划设计的转变，充分彰显了对可持续发展、人文关怀及高质量发展的不懈追求。其功能逻辑从"单一分区"向"复合共生"转变，更新模式从"大拆大建"迈向"精细织补"，技术方法从"静态蓝图"演进为"动态治理"，价值导向从"经济优先"过渡到"多维平衡"，文化视角从"推倒重建"转变为"文脉传承"。这一系列转变，要求城市规划建设者在把握空间尺度时，既需具备宏观的整体把控观念，又要拥有中微观层面的细节管控与创新想象能力。

编者通过参考大量政策文献，对城市更新背景下的城市规划建设展开了全面且深入的研究。本书在系统梳理国内外城市更新的概念与发展历程的基础上，深入阐述了城市交通与道路系统规划策略、城市地下空间规划策略、园林景观规划设计策略及历史文化遗产保护策略。

本书共6章，依次为绪论、城市总体规划设计、城市更新背景下的城市交通与道路系统规划、城市更新背景下的地下空间规划设计、城市更新背景下的园林景观设计、城市更新背景下的历史文化遗产保护。本书不仅适用于城市更新、城市规划和建筑设计等相关专业的高校师生阅读学习，也能为从事城市更新和城市规划设计等相关工作的人员提供极具价值的参考。

本书编写分工如下：第一主编周小颜负责第2章，第5章，第6章第1节、第3节的编写；第二主编郭颖负责前言，第1章第1节、第3节，第4章的编写，及全书的统稿整理工作；第三主编梁创负责第3章的编写，参考文献的整理；第二副主编朱瑞负责第1章第2节的编写；第三副主编郭国恒负责第6章第2节的编写。同时感谢第一副主编潘佩君，编委颜文、董秋辰为本书的编写提供相关数据、资料的搜集整理。

由于编者的专业素养和知识储备存在一定局限，书中难免存在疏漏之处。恳请广大读者不吝指正，在此深表感谢。

编　者
2025.5

目 录

1 绪论 ·· 1
   1.1 城市更新概念的起源与发展 ··· 1
   1.2 城市规划的发展历史 ··· 2
   1.3 城市更新背景下的城市规划设计策略 ······································· 10

2 城市总体规划设计 ··· 19
   2.1 城市用地评价、组成和选择 ··· 19
   2.2 城市组成要素的规划布置 ··· 23
   2.3 城市总体布局 ··· 32

3 城市更新背景下的城市交通与道路系统规划 ································· 39
   3.1 城市交通系统与城市发展 ··· 39
   3.2 城市道路系统规划 ··· 42
   3.3 城市综合交通规划 ··· 53
   3.4 城市交通设施规划 ··· 69

4 城市更新背景下的地下空间规划设计 ··· 74
   4.1 城市地下空间的规划 ··· 74
   4.2 地下空间利用与竖向分层设计 ··· 78
   4.3 城市功能与地下空间竖向设计 ··· 81
   4.4 城市地下空间的连通与整合设计 ··· 89

5 城市更新背景下的园林景观设计 ··· 99
   5.1 园林景观设计概述 ··· 99
   5.2 园林景观设计特征 ··· 101
   5.3 构成要素 ··· 102
   5.4 设计原理与基础 ··· 133

6 城市更新背景下的历史文化遗产保护 … 141

6.1 历史文化遗产保护意义及原则 … 141
6.2 历史文化遗产保护历程 … 143
6.3 基于城市更新战略的历史文化遗产保护规划 … 148

参考文献 … 163

1 绪 论

1.1 城市更新概念的起源与发展

1.1.1 城市更新的概念起源

城市更新的内涵因城市发展阶段不同而异。一般认为，城市更新是持续解决城市复杂问题的重要途径。

20世纪50年代，随着经济发展和产业转型，欧美一些发达国家由工业化时代向后工业化时代迈进。城市中心区难以满足新的发展需求，企业纷纷搬迁到城市外围或更远的郊区，同时，产业园区、大学城、生态城和主题公园等新兴城市空间也在郊区拔地而起。在人口和就业向郊区迁移的趋势下，城市中心区开始衰落，出现经济萧条、土地闲置、环境恶化、建筑破败、设施失修，以及社会治安管理混乱等问题。为解决这一问题，西方许多国家开展了城市更新运动。城市更新的概念起源于1949年美国提出的"城市再发展"（Urban Redevelopment）一词，是指对城市中已经不适应现代生活需求的地区进行必要的、有计划的改建活动。城市更新的目标是针对影响甚至阻碍城市发展的问题，在综合考虑物质性、经济性和社会性要素的基础上，制定出覆盖面广、内容丰富的策略，以促进城市空间再利用、增强地区活力、增加就业机会、提升城市竞争力、改善城市经济和财政状况等。

1.1.2 城市更新概念的发展

西方国家城市更新概念的发展是一个动态过程，从第二次世界大战后大致经历了推土机式的重建阶段、福利社区建设阶段、房地产开发阶段和有机更新阶段四个阶段。而我国城市更新概念的发展经历了"外引内消"的过程，大致可以分为初步引入、多元完善、本土创新三个阶段。

(1) 第一阶段：初步引入

20世纪80~90年代开始，国内学者初步引入国外城市更新的相关概念。这一概念的诠释与西方国家存在很大的相似性。例如，20世纪80年代初，陈占祥先生较早阐释"城市更新"概念，强调城市更新是城市"新陈代谢"的过程，目标是振兴大城市中心地区的经济，增强其社会活力，改善建筑和环境，吸引中、上层居民返回市区，通过地价增值增加税收，以此实现社会的稳定和环境的改善；吴良镛先生于1994年提出"有机更新"概念，从城市的"保护与发展"出发，体现"可持续发展"的思想。

(2) 第二阶段：多元完善

进入21世纪，更多国外城市更新概念被引入国内。例如，2004年，张平宇从城市化过程中出现的城市问题角度提出"城市再生"概念；2005年，吴晨提出"城市复兴"，强调整体观以及改善结果的持续性；2007年，于今对"城市更新"概念进行了补充，强调更新应包括物质环境和非物质环境的持续改善；2010年，阳建强进一步完善了"城市更新"概念，认为城市更新是一种城市的自我调节机制，通过结构和功能调节使其能够不断适应未来社会和经济发展的需求。总之，在这一阶段，国内学界对关于城市更新的概念认知更加多元，并结合我国国情进行了优化完善。

(3) 第三阶段：本土创新

目前，我国城市发展已进入存量发展阶段，一些大城市在较短的时间内就完成了发达国家近百年的城市化进程。

2015年"城市双修"（生态修复、城市修补）的提出，标志着我国开始基于本国国情提出本土化城市更新概念。"城市双修"成为治理城市快速发展带来的"城市问题"、改善人居环境、转变城市发展方式的有效手段。

2016年，《广州市城市更新办法》首次正式提出了城市"微改造"的概念。全面改造是以推倒重建为主的更新，可以在短时间内起到"旧貌换新颜"的功效，对于完善城市功能、提升产业结构、改善城市面貌有积极作用。但全面改造模式面临巨大的挑战，一是城市建设的千城一面，在部分城市，城市面貌急速改变，历史风貌逐渐湮灭，城市特色不断消失；二是政府财力难以为继，旧城改造项目资金难以平衡，如果强制推进，将耗费大量的公共财政资金；三是大拆大建造成大量的拆迁纠纷。而"微改造"是指在维持现状建设格局基本不变的前提下进行"小修小补"，并采取因地制宜的方式，结合实际情况进行实施，起到提升人居环境、促进街区活力、传承地域文化的作用。"微改造"模式可以很好地降低政府的拆迁成本，具有资金投入少、成本低、社会影响小的特点。

2018年，我国提出"城市体检"概念，北京率先开展相关行动。2019年，沈阳、南京、厦门、广州、成都等11个城市开展试点。"城市体检"是城市更新的前提，通过全方位的"体检"，可使城市更新更加科学。2023年6月，我国选取10个市县开展深化城市体检工作制度机制试点，指导试点城市强化"城市体检"成果应用，把"城市体检"检查出来的问题作为城市更新重点，针对问题清单提出整治措施，为编制城市更新规划和年度实施计划、生成城市更新项目库提供重要依据。

1.2 城市规划的发展历史

1.2.1 国外城市规划的发展历史

在城市漫长的发展历程中，人类逐步认识到必须综合安排城市的各项功能与活动，妥善布置城市的各类用地与空间，以改善自己的居住生活环境，满足生产、生活及安全的需求，城市规划由此产生。

1. 国外古代的城市规划

古希腊文明是欧洲文明的始祖，也是古代城市规划的发源地之一。当时的古希腊形成了以防御、宗教活动地为核心的城邦国家。早期城市建于小山丘上，以利于防御外敌的进攻，后来城市延伸至小山丘下的平原，形成具有防御功能且建有神庙的上部城市（卫城），以及商业、行政机构所在的下城。在城市形态方面，整个城市围绕市政厅、贵族议会、居民代表大会等公共建筑或公共活动空间以及宗教建筑等展开，以适应奴隶制下的城邦国家组织形式。城市中不存在王宫这种封闭区域，而是设有可容纳全体市民（或大部分市民）的广场或剧场，雅典和斯巴达是古希腊时期极具代表性的城市。

古罗马的城市源于希腊那些大大小小的城邦国家。在古罗马城市中，军事强权的烙印非常明显，伴随着军事侵略带来的领土扩张和财富集中，城市建设也进入了鼎盛阶段。这一时期的建设包括与军事目的直接相关的道路、桥梁和城墙，供城市生活所需货物运输及交易的港口、交易所、法庭、公寓，并建造了公共浴室、剧场、斗兽场和宫殿等供奴隶主享乐的设施。罗马帝国时期，广场、铜像、凯旋门和纪功柱成为城市空间的核心。古罗马时期繁荣阶段的代表是古罗马城，鼎盛时期人口超过100万人，城市面积达20km^2，共和国时期和帝国时期形成的广场群是其中心的集中体现。

公元5—13世纪（中世纪中前期）的欧洲，经济、文化以及城市发展出现一定的倒退。但在其中后期城市文化重新兴起，城市呈现出新的特点：罗马帝国分裂为众多封建领主国，封建割据和战争不断，出现了许多具有防御作用的城堡；城市形态多呈现不规则的自然生长态势，封建领主城堡不断扩张；教会势力强大，教堂占据了城市的中心位置，其庞大体量和高耸的尖塔成为城市空间的主导。这一时期的欧洲城市普遍规模较小，但数量较多，较具代表性的有巴黎、威尼斯、佛罗伦萨等。

14世纪中叶后，欧洲进入文艺复兴时期，资本主义萌芽出现，人文艺术、科学技术都得到飞速发展，在建筑与城市建设的理论研究方面取得了丰硕的成果，并在许多欧洲城市建设中得以体现。意大利的城市修建了不少古典风格且构思严谨的广场和街道，如罗马的圣彼得大教堂广场，威尼斯的圣马克广场，佛罗伦萨的西格诺里亚广场、乌菲齐大街及佛罗伦萨大教堂等。这一时期，城市规划建设将古典主义的作品与片段置于中世纪城市大背景中，其提倡的理性与秩序，以及在城市设计中所采用的轴线、对称、尺度对景等城市设计的手法，对此后的城市设计产生了深远的影响。17世纪以后，欧洲步入了绝对君权时期。在城市与建筑设计中，古典主义盛行，以体现秩序、组织、王权。具体表现为城市与建筑中的几何结构和数学关系、对轴线和主从关系的强调、平面上的广场和立面上的穹顶等。在当时最为强盛的法国，巴黎的城市建设充分体现了古典主义思潮，皇家广场、法兰西广场、胜利广场、卢浮宫、凡尔赛宫、香榭丽舍大街等的兴建（或改建）便是例证。

2. 国外近代城市规划

进入19世纪，欧洲一些发达国家相继出现了城市人口剧增，住房、市政设施、环境卫生状况恶化等城市问题，近代城市规划就立足于解决上述问题。1848年的英国公共卫生相关法规奠定了近代城市规划的基础，1851年英国的劳动阶级租住公寓相关法规、1875年德国颁布的普鲁士道路建筑相关法规、1894年英国的伦敦建筑相关法规、1909年英国颁布的城乡规划相关法规等，都是近代城市规划史的重要里程碑。近代城市规划源于对恶劣城市环境的改造和劳动者居住状况的改善，逐渐成为政府管理城市的重要手段。从实践成果来看，城市规划作为公共干预的手段，确实在一定程度上缓和了各阶级之间的冲突，具有保护私有财产与维持公众利益平衡、关注城市居民生活状况、借助人工手段改善城市环境、催生城市规划专业等特点。

在19世纪，以托马斯·莫尔（Thomas More）、查尔斯·傅立叶（Charles Fourier）和罗伯特·欧文（Robert Owen）为代表的空想社会主义思想的出现。他们提出了一些建立新型生活组织与城市形态的思想，如莫尔的"乌托邦"、傅立叶的"法郎吉"、欧文的"新协和村"等。在空想社会主义思想影响下，人们建设了一些城乡结合的新型社区。但因脱离当时的社会、经济等条件，这些尝试都以失败告终。

自19世纪中期开始，美国一些大城市开始重视总体规划，着手建设一些供居民使用的公园。1859年，美国人弗雷德里克·劳·奥姆斯特德（Frederick Law Olmsted）设计了纽约中央公园，后又为旧金山、芝加哥、波士顿等城市设计了公园绿地。直到20世纪初，美国的城市设计热衷于修饰城市华丽壮观的外表，经历了集中建设市民中心、林荫大道、喷泉广场、雕塑等公共建筑的城市美化运动。

20世纪初，英国人埃比尼泽·霍华德（Benzene Howard）所著的《明日的田园城市》（Garden Cities of Tomorrow），对西方国家尤其是英美国家的城市规划产生了深远影响。1919年，田园城市和城市规划协会将其思想归纳为：田园城市是为安排健康的生活和工业而设计的城镇；其规模要有可能满足各种社会生活需要，但不能太大；被乡村带包围；全部土地归公众所有或者委托他人为社区代管。这成为现代城市规划思想的重要渊源之一。

1915年，帕特里克·格迪斯（Patrick Geodes）在《进化中的城市：城市规划与城市研究导论》（Cities in Evolution：an Introduction to the Town Planning Movement and to the Study of Civics）中提出，编制城市规划应采用"调查—分析—规划"的手法，必须认真研究城市与所在地区的关系，应把"自然地区"作为规划的基本框架，城市规划应起到对民众的教育作用并改善平民生活环境等。他把人文地理学与城市规划结合起来，直到今天仍然是西方城市规划的一个独特传统。格迪斯的规划思想也成为西方近代城市规划理论与方法的基础之一。1922年，雷蒙德·昂温（Raymond Unwin）提出了卫星城市的概念，并在参与大伦敦规划期间得到应用，即采用"绿带"加卫星城的办法控制中心城的扩张，疏散人口和就业岗位，该理论在第二次世界大战后的英国城市建设中得到多次应用。

随着汽车在城市中的大量使用，如何避免汽车交通对居住环境的干扰成为一个重要问题。为此，20世纪20年代末，美国建筑师佩里（Perry）提出了"邻里单位"的概念。"邻里单位"的核心思想是：以一所小学所服务的范围形成组织居住社区单元的基本单位，其中设有满足居民日常生活所需的道路系统、绿化空间和公共服务设施，居民生活不受汽车交通的影响。20世纪20年代，美国人克拉伦斯·斯坦（Clarence Stein）在新泽西的雷德朋新城的设计中，采用了行人与汽车分离的道路系统，诠释了"邻里单位"思想。1926年，第一条步行街出现在德国埃森市，此后很多城市采用和发展了这种分离机动和人行交通的有效形式。第二次世界大战后，"邻里单位"的概念普遍运用于居住区规划设计中。

英国在第二次世界大战前期和后期就开始了由政府主导的城市规划，并成立专门的委员会对英国的城市工业与人口问题进行调查，依据调查结果提出了应控制工业布局并防止人口向大城市过度集中的结论。在此基础上，由艾伯克隆比主持编制了著名大伦敦规划，按照由内向外的顺序规划了内城环、近郊环、绿带环、农业环四个地形地带。

3. 国外现代城市规划

20世纪60年代后，西方大城市的中心区开始衰败，社会矛盾不断加剧。以形体环境为主的现代城市规划难以缓解现实的社会和经济问题。自此，英、美等国的学者对城市的社会、经济、政治、环境、交通、文化、历史、艺术等方面进行了大量研究。其中具有代表性的，如美国学者刘易斯·芒福德的《城市文化》（*The Culture of Cities*）、《城市发展史——起源、演变和前景》（*The City in History：Its Origins，Its Transformations，and Its Prospects*）等著作，系统阐述了城市发展与其政治、经济、文化等背景相联系的历史过程，提出规划的正确方法是调查、评估、编制规划方案和实施。芒福德的城市规划思想促使城市规划的理论和方法进行变革，使以物质形体和土地利用为主的城市规划更好地与社会经济发展相结合。20世纪70年代后，人口快速增长、资源短缺、能源浪费、环境恶化等现象，不但在发展中国家日益突出，在发达国家也同样存在。20世纪80年代，环境保护的规划思想逐步发展成为可持续发展的思想。1989年正式提出的可持续发展思想，在1992年巴西举行的联合国环境与发展大会（又称地球首脑会议）上获得肯定。1996年，联合国在土耳其伊斯坦布尔举行第二届联合国人类住区会议，提出了"城市化进程中的可持续发展"的战略目标，如何建设"可持续发展城市"成为全球性的研究课题。

近年来，大量的城市规划实践不断涌现，其设计思想的主流为人文主义。特点是重视人的需要、步行环境、多样性和富有人情味等，并且重视与自然的结合，历史建筑、街道、街区的保护，历史文脉的连续，以至文化品质的提高。在规划方法上，随着系统论、控制论、信息论等新的理论方法以及网络技术在城市规划领域应用，城市规划在信息收集、分析、建模、模拟、制图、传播等方面都实现了很大的飞跃。与此同时，在民主化潮流日益发展的情况下，公众参与城市规划的论证咨询和决策，已经越来越广泛和深入，成为城市规划的一种重要方法。

1.2.2 中国城市规划的发展历史

1. 中国古代的城市规划

中国最早的具有一定规划格局的城市雏形大约出现在5000年前。商朝是中国古代城市规划体系的萌芽阶段，这一时期的城市建设和规划出现了一次空前的繁荣，从目前掌握的考古资料可以看出，商都亳的规划布局采取了以宫城为中心的分区布局模式，而殷则开创了开敞性布局的先河，并且强调与周边区域的统一规划。周朝是中国奴隶制社会的鼎盛时期，也是中国古代城市规划思想最早形成的时期。周人在总结前人建城经验的基础上，制定了一套营国制度，包括都邑建设理论、建设体制、礼制营建制度、都邑规划制度和井田方格网系统。如《周礼·冬官考工记》记载"匠人营国，方九里，旁三门。国中九经九纬，经涂九轨，左祖右社，面朝后市，市朝一夫"，充分体现了周朝都城形制中的社会等级和宗法礼制。

秦汉时期，严格的功能分区体制达到新的高度。这一时期城市数量也有大幅增长。秦始皇统一中国后，将全国划分为四大经济区，强调了区域规划，同时在咸阳附近大搞城市建设，在渭水北岸修建宫殿群。例如，秦始皇统一六国后，在渭水南岸兴建著名的阿房宫。阿房宫规模宏大，与渭水北岸宫殿群及咸阳城有大桥联系，还有架空栈道连接各个宫殿。从阿房宫直至南面的终南山均为皇帝专用禁苑，其中尚分布有不少离宫。西汉则进一步强化了疆域内城镇网络的作用。

隋唐时期十分注重城市规划。唐代城市总体布局严整划一，都城规模宏大，衙署布置在宫前，居民区与宫城严格分开，城市布局中的政治色彩极浓。首都大兴城（唐长安城）是一座新建的都城，事先制定规划，随后筑城墙，开辟道路，再逐步建坊里，都有严密的计划。因而，唐长安城是中国古代最为严整的都城，主要特点是中轴线对称格局，方格式路网，城市核心是皇城，三面为居住里坊所包围。隋唐时期城市在建筑技术和艺术方面也有较大的发展，其特点有：①强调规模的宏大、城郭的方整、街道格局的严谨和坊里制度；②建筑群处理愈趋成熟，不仅加强了城市总体规划，宫殿、陵墓等建筑也加强了突出主体建筑的空间组合，强调了纵轴方向的陪衬手法；③木建筑解决了大面积、大体量的技术问题，砖石建筑也有了一定发展；④设计与施工水平提高，掌握设计与施工的技术人员职业化。

到了宋元时期，城市建设中突破了旧的坊里体制约束，城市的功能从以奴隶社会的政治职能为主转变为经济职能占主导地位。这一转变在北宋的东京（开封）、南宋的临安（杭州）得以充分实现。东京在城市建设中突出了经济职能和军事防御两方面的作用。其道路系统呈井字形方格网，路边分布着众多商铺、作坊、酒楼，街道的等级色彩已逐渐淡化。临安的城市布局更加灵活、紧凑，宫室建筑规模趋小，风格简单朴素。总体而言，两宋城市布局已带有商业城市规划特点：按经济活动来布置城市建筑，经济区及商业街市日益密集发达，罗城（即外城）面积大大超过皇城、宫城（或行政机关所在地），这反映出城市经济职能与政治职能间的此消彼长。元大都的建设遵照《周礼·冬官考工记》，汲取了魏晋唐宋以来都城规划的经验。元大都选址于地势平坦之地，布局规矩齐整，外城、皇城、宫城层层相套，皇城居于全城中心偏南，中轴线南起丽正门，穿过皇城、宫城的重重大门。

封建社会晚期，中国历代都城的规划从不同侧面继承了日臻完善的规划传统，再结合当时的政治、经济形势加以变革和调整，城市化的进程加速，城市的防御功能提高到一个新的水平。城市布局的整体性进一步突出，更加关注环境、道路水系的改善，以及市政设施的完善等。明清时期，京城则秉承了元大都的布局结构。

从以上回顾可以看出，中国早在大约3100年前就已形成了一套较为完备的城市规划体系，其中包括城市规划的基本理论、建设体制、规划制度和规划方法。在漫长的封建社会中，这一体系不断得到补充、变革和发展，造就了中华大地上一批历史名城，如商都殷、西周洛邑、汉长安、隋唐长安、北宋东京、南宋临安、元大都、明清京城等，这些城市都是当时闻名于世的大城市，其宏大的规模、先进的规划、壮丽的建筑为世人所称道。中国古代的城市规划体系在相当长的一段时间内都走在世界前列，有些成就甚至领先西方数百年。概括而言，中国古代城市规划体系最核心的内容是"辨方正位""体国经野"和"天人合一"，即整体观念、区域观念及自然观念。

2. 中国近现代的城市规划

中国的近现代历史与西方发达国家有很大的不同，由于未经历工业革命，城市缺乏自主发展与变革的原动力,再加上中国近代遭受列强侵略和国内军阀混战的冲击,中国近代城市的发展呈现被动、局部和畸形的特征。从近代城市产生的原因及其变化程度来看,中国近代城市可以分为新兴城市和既有的传统封建城市。近代的城市规划发端于殖民侵略者直接对其控制的殖民地城市或租界所进行的规划,在此过程中及之后,国外城市规划思想、理念与技术逐渐传入中国。此后,中国政府主导、留学人员参与的自主城市规划开始出现。早期规划包括上海、天津、武汉等地租界的规划,其中上海是早期租界规划的典型代表。英、美、法殖民者在上海租界实施了一系列城市基础设施建设,包括拓宽道路、建设给排水和煤气设施、疏浚河道、修建铁路等。上海租界的城市规划明显带有同时代西方工业化国家城市的特征,如各类基础设施规划、1879年荷兰工程师编制的黄浦江整治规划方案、1926年公共租界的上海地区发展规划(包括功能分区布局、道路系统规划与道路交通改善措施、区划条例与建筑法规、交通管理与公共交通线路规划等)、1938年的法租界市容管理图等。早期的城市规划中,还有一些是某一帝国主义国家独占城市的规划,如青岛、大连、长春、哈尔滨等。

我国青岛的最早城市规划编制于1900年,1910年又编制《青岛扩张规划》并大幅度扩展了规划范围。德国所编制的城市规划一方面体现出对华人居住地区的歧视,如将城市划分为德国区与中国区,并采用不同的道路、绿化和基础设施标准等;但在另一方面,德国对青岛的规划也体现了当时先进的规划技术与方法,在港口与其他路网的衔接设计、教堂等标志性建筑与城市景观的融合处理等方面都较为合理。1914年与1937年日本侵略者曾两度占领青岛,其间也编制过一些规划。

20世纪20年代以后,出现了由政府主导的城市规划。其中,上海的"大上海计划""上海都市计划一、二、三稿",南京的"首都计划",以及汕头的"市政改造计划"等是这类城市规划的代表。1929年,南京国民政府编制了大上海计划图及其相关的专项规划图及其说明,规划包括市中心区的道路系统规划、详细分区规划、政治区规划与建设,以及包含租界地区在内的全市分区规划(涵盖商业区、工业区、商港区、住宅区)、交通规划(涵盖水道航运、铁路运输、干道系统规划)等。其中,中心区规划还将西方巴洛克式城市设计手法与中国传统对称布局形态有机地结合在一起。

3. 中华人民共和国成立后的城市规划

大致说来,中华人民共和国的城市规划工作可分为四个阶段:20世纪50年代的引进、创建时期,1976年之后的发展和改革期,20世纪90年代开始的快速发展期以及21世纪以后的成熟期。

(1) 20世纪50年代的引进、创建时期

20世纪50年代,城市规划工作是在配合重点工程建设中得到发展的。城市规划的编制原则、技术分析、构图手法乃至编制程序,基本上是照搬苏联的做法,以配合苏联援建的156个重点建设项目。1953年3月,建工部城市建设局设立了城市规划处,从沿海大城市和大专院校的毕业生中调集规划技术人员,并聘请苏联城市规划专家来华指导。随后,北京及全国省会城市逐步建立了城市规划机构,参照重点城市的做法开展城市规划工作。这一时期,全国有150多个城市先后编制了城市总体规划,其中太原、兰州、西安、洛阳、包头等15个重点工业项目集中的城市,其总体规划获得审批。"一五"末期,全国从事城市规划工作的人员已达5000余人。20世纪60年代,城市规划

步入停滞期，在1960年11月的全国计划工作会议上提出"三年不搞城市规划"，导致各地城市规划机构被撤销，城市建设因缺乏规划指导而造成难以弥补的损失。1964年，在"三线"建设中，先是实行"靠山、分散、隐蔽"的方针，后来又改为"靠山、分散、进洞"，由此形成了"不建集中城市"的思想，这一思想不仅深刻影响了"三线"建设，还波及全国城市。该时期，各地城市规划机构被撤销、规划队伍被解散，全国城市规划工作陷入停顿，导致乱拆乱建成风，园林文物遭破坏，城市建设无从谈起。1973年，全国城市规划工作人员仅约700人，且几乎不能正常开展工作。

(2) 1976年之后的发展和改革期

1976年之后，中国的城市规划事业步入了发展和改革的新阶段。1978年3月，国家召开第三次全国城市工作会议，强调要"认真抓好城市规划工作"，要求全国各城市依据国民经济发展计划和地区具体条件，编制和修订城市总体规划、近期规划和详细规划。1980年10月，国务院重申了城市规划的重要地位与作用，并首次提出城市的综合开发和土地有偿使用理念。1984年1月，中国第一部城市规划法规《城市规划条例》（后因《中华人民共和国城市规划法》发布，于1990年废止）颁布实施，使城市规划和管理开始走向法治化的轨道。1989年年末，全国人大常委会通过了《中华人民共和国城市规划法》，完整地提出了城市发展方针、城市规划的基本原则、城市规划制定和实施的体制，以及法律责任等。这一时期，中国开展了新一轮城市总体规划编制，完成全国城镇布局规划和上海经济区、长江流域沿岸、陇海兰新沿线地区等跨省区的城镇布局规划，还编写了一大批城市规划教材，城市规划逐步形成独立学科和工作体系。

(3) 20世纪90年代开始的快速发展期

20世纪90年代至今，是中国城市规划的快速发展期。1992—1993年，为解决城市"房地产热"和"开发区热"等问题，在全国推行了控制性详细规划的编制与实践，对城市房地产开发发挥了一定的调控作用。1996年5月，《国务院关于加强城市规划工作的通知》（国发〔1996〕18号）〔根据《国务院关于宣布失效一批国务院文件的决定》（国发〔2016〕38号），此文件已于2016年失效〕发布，明确城市规划工作的基本任务是统筹安排城市各类用地及空间资源，综合部署各项建设，实现经济和社会可持续发展，这是在社会主义市场经济条件下国家对城市规划的新定位。随着市场经济的发展，国有土地使用权出让、转让制度开始实施，我国开始第二轮总体规划编制，省区、市域、县域城镇体系规划全面展开。城市规划开始注重控制性详细规划对土地开发的引导和规划控制，计算机、网络、遥感等新技术在城市规划编制和管理中得到普遍应用，自然科学与社会科学结合、国内与国外理念融合、城市与区域发展协调等观念在城市规划实践中均有体现，城市规划被作为法定文件贯彻实施以指导城市发展。1999年12月，建设部（2008年改名为住房城乡建设部）召开全国城乡规划工作会议，强调城乡规划要围绕经济和社会发展规划，科学地确定城乡建设的布局和发展规模、合理配置资源。这一时期，北京、上海、深圳、苏州、南京、西安等大城市的总体规划与详细规划具有代表性。

(4) 21世纪以后的成熟期

21世纪是城市规划向社会经济事业逐步深入、城市规划日益成熟的时期。2001年通过的《中华人民共和国国民经济和社会发展第十个五年计划纲要》明确提出实施城镇化战略，促进城乡共同进步；加强城镇规划、设计、建设及综合管理。2006年通过的《中华人民共和国国民经济和社会发展第十一个五年规划纲要》提出，必须促进城乡区域协调发展；做好乡村建设规划；加强城市规划建设管理，规划城市规模与布局，要符合当地水土资源、环境容量、地质构造等自然承载力，并与当地经济发展、就业空间、基础设施和公共服务供给能力相适应。2007年，《中华人民共和国城乡规划法》（历经2015年、2019年两次修正）发布，城市规划与村镇规划的协调、城市规划的体系性受到重视，是这一时期的重大事件。2011年通过的"十二五"规划再次强调了中小城市、小城镇、生态城市发展理念。这一时期，国务院批复了一批大城市的总体规划，如武汉、西安等。

2018年以来，住房城乡建设部选择部分样本城市开展城市体检工作，聚焦推动建设无"城市病"的城市，从生态宜居、健康舒适、安全韧性、交通便捷、风貌特色、整洁有序、多元包容、创新活力8个方面，研究建立城市体检指标体系。指导样本城市结合实际增加特色指标，建立和完善符合地方特色的城市体检指标体系，通过综合评价城市发展建设状况、有针对性制定对策措施，从而优化城市发展目标、补齐城市建设短板、推动城市高质量发展。

2019年4月，住房城乡建设部印发《关于开展城市体检试点工作的意见》（建科函〔2019〕78号），要求"建立统一收集、统一管理、统一报送的市级城市体检评估信息体系"。2020年6月，住房城乡建设部印发《关于支持开展2020年城市体检工作的函》（建科函〔2020〕92号），要求"建立城市体检信息平台"。2021年4月、2022年7月，分别印发开展2021年、2022年城市体检工作的通知，要求"运用新一代信息技术，加快建设省级和市级城市体检评估管理信息平台，实现与国家级城市体检评估管理信息平台对接"。指导样本城市加强城市体检评估数据汇集、综合分析、监测预警和工作调度，开发与城市更新相衔接的业务场景应用，建立"发现问题—整改问题—巩固提升"联动工作机制。2022年11月，住房城乡建设部印发《实施城市更新行动可复制经验做法清单（第一批）》，推广上海、重庆等城市体检和城市更新紧密衔接的好经验、好做法。

2025年1月3日召开的国务院常务会议，将城市更新列为重点议题，对推进城市更新工作作出了明确部署，并强调城市更新"是扩大内需的重要抓手"，城市更新被赋予了更高的定位。

未来，城市更新将在我国城镇化进程中扮演愈发重要的角色。它既是改善居民生活品质、提升城市功能的民生工程，也是推动经济发展、促进社会可持续发展的关键举措。随着相关政策的不断完善和市场的逐渐成熟，城市更新的步伐会进一步加快。在城市更新的具体实践中，会更注重历史文化保护、绿色发展和社会公平，通过创新模式和智能化手段实现城市的精细化、人性化发展。例如，利用科技手段推动装配式建筑、智能安防系统在城市更新项目中的应用；加强地下综合管廊建设和老旧管线改造，提升城市安全韧性；运用多元化融资模式吸引更多社会资本参与。同时，城市更新将与产业升级、文化传承、生态保护等紧密结合，打造更加宜居、韧性、智慧的城市，满足人民对美好生活的向往，为城市的长远发展注入新的活力和动力。

1.3　城市更新背景下的城市规划设计策略

1.3.1　城市交通与道路系统规划策略

随着中国城镇化进入下半程，城市更新逐渐成为城市发展的重点关注对象，城市更新地区的交通状况对居民的日常出行有着重要的影响。然而，由于城市规划缺失、道路通达度不足、各类交通设施不完善等历史原因，城市许多老旧片区存在交通状况差、出行不便捷、慢行环境体验差等问题，因此，对城市交通和道路系统进行规划，提高交通运行效率和居民的出行体验，成为城市更新过程中亟待解决的问题。城市更新背景下，城市交通与道路系统规划策略主要体现在以下几个方面。

（1）与用地更新调整同步的道路网优化

以城市用地与交通一体化调整为基本导向，从地块空间的尺度、地块形态的可组织性、沿河空间的开发和利用、对外交通的打通、内部路网的加密等角度，有效解决现状路网中存在的问题，进一步细化和完善控制性详细规划中的地块路网，提升地块与路网的契合度，提高地块路网密度，加强内外道路衔接，形成"对外畅通、对内可达"的地块路网格局。

（2）以公共交通优先为导向的出行结构调整

加强更新地块内部地铁、中运量公共交通、地面常规公共交通等各类公共交通设施布局，按需新辟常规公交线路，结合用地性质合理布设公交站点，提高公交线网密度和公交站点覆盖率，改善片区公交可达性，积极引导片区出行模式向公交、慢行等绿色交通方式转变，提高绿色出行比例。

（3）兼顾存量和增量的公共停车设施布局

在城市更新背景下，城市公共停车设施布局应兼顾"扩大增量"和"盘活存量"。"扩大增量"即严格落实配建停车标准，在新建公共建筑中配建相应停车位，挖掘利用"拆、改、腾、退"空间和边角地，扩大公共停车设施供给。"盘活存量"是指结合地块更新改造，加强医院、学校、商超、老旧小区、农贸市场等重点区域公共停车设施"改扩建"和"平改立"，合理利用已有城市广场、公园绿地、中小学校操场等空间，增设公共停车泊位。

（4）与开放空间相结合的慢行系统打造

公共开放空间主要包括城市公园、滨水空间、城市广场、防护绿地和街旁绿地等。开放空间是城市休闲和慢行活动的集中区域，而开放空间设计也是城市更新中的重点。因此，结合开放空间同步打造舒适、安全、连续、成网的慢行系统，有利于改善地块环境和提升居民休闲生活品质。

1.3.2　城市地下空间规划策略

1. 我国城市地下空间规划存在的问题

（1）城市地下空间资源禀赋调查评价不足、承载能力概念不清

在国土空间规划体系新的空间管控逻辑下，全空间、全要素的统筹协调成为国土空

间开发利用的重中之重，城市地下空间开发利用亟待解决的问题包括：城市地下空间的全要素范围、各类要素的资源禀赋调查和评价，以及全域范围要素开发利用的统筹协调等。从目前的研究现状看，城市地下空间要素至少包含地下建（构）筑物、地下矿藏、地质情况、地热能、地下水、地下连续介质体、地下历史文化遗产、地下生物资源等。尽管这些要素的覆盖面可能仍不全面，但目前对上述城市地下空间要素的资源禀赋调查评价仍明显不足。

由于城市地下空间的所有要素均依附于岩土体介质而存在，任何地下空间的开发行为都会对系统内部的岩、土、水、气以及地热场、应力场、地球化学场、地下水流场的相对平衡状态产生扰动，进而影响其他地下空间资源要素的开发潜力。从这个意义上讲，城市地下空间各类要素的资源禀赋或开发潜力应基于全要素系统视角进行调查评价。因此，在国土空间规划新体系下，完善城市地下空间信息资源的共建共享机制，统筹城市地下空间的全域、全要素协同开发利用，成为目前亟待解决的问题。

此外，在国土空间规划新体系中，城镇建设的最大合理规模及其适宜空间需要依据资源环境承载能力和国土空间开发的适宜性评价予以确定，但我国相关技术体系并未提及地下空间的相关内容，尤其是对地下空间承载能力的概念和内涵未作明确界定。地下空间承载能力缺乏全域、全要素的评估，可能导致地下空间生态环境不可持续、城市运行安全难以保障等问题。

(2) 城市地下空间的绿色低碳、韧性潜能有待进一步挖掘

城市地下建筑具备绿色建筑在节能减排方面的天然优势，但其规划设计长期缺乏对人居环境构建的重视，导致存量地下空间的工程品质普遍不高，存在一系列影响使用人群的环境问题，地下空间的社会与经济活力尚未被完全激活。

在城市地下基础设施的低碳发展方面，相关研究聚焦于运行维护阶段的低碳效应评价，但在规划、建造等全生命周期的低碳评价方法和发展路径方面尚不明确。在总体规划、详细规划等阶段，地下空间规划方案的低碳效应评价方法未能全面考虑地下空间地质服务系统及地下空间外部性服务的低碳贡献，难以实现规划层面的低碳效益最优化。在建造阶段，较少将建筑材料生产端的碳排放纳入地下基础设施全生命周期碳排放清单，且建造及设计理论方法未能完全发挥岩土体介质的承载能力，施工过程的智能建造和工业化水平较低，在运行维护阶段，城市地下空间基础设施的采光、通风、除湿、消防等环节的低碳运维技术有待加强。此外，地下空间在清洁能源供给，能源储存，碳的捕集、封存和利用技术等方面的潜能尚待挖掘，碳交易市场制度、政策体系等也有待完善。

城市更新背景下，在韧性城市建设方面，地下空间规划具有两面性：一方面，城市地下空间能提高城市防灾减灾能力；另一方面，地下空间设施因人员分布密集、空间环境封闭、建筑标高相对较低等原因，易成为水灾、火灾、爆炸等灾害事故的高发地。尤其是近年来极端暴雨天气导致的水灾事件频发，致使一些地下空间项目因潜在防灾问题被迫搁置。然而，地下空间水灾事件的发生，本质上是城市防灾系统崩溃的反映。尽管地下空间内部防灾存在一定局限性和挑战性，但新加坡、日本等国的发展经验表明，通过科学合理地制定城市地下空间开发利用规划，可降低地下空间受灾可能性，克服设施本身的局限性，同时最大化发挥地下空间对城市可持续发展的积极作用。在科学规划方

面，城市地下空间的水灾防控不能仅局限于地下空间设施本身，更重要的是完善整个城市的防洪体系，如平时做好"海绵城市"建设、疏通河道、加固堤防、增加蓄洪容量等。在地下空间设施建设方面，需在建设前结合当地气候条件、降水量、地面高程、地表流域分析等，充分做好灾害风险评估。对于风险较高地区的地下空间项目，要充分论证可行性和风险管理水平，谨慎进行规划建设；对于确有建设必要性但受灾风险较高的地区，应提出配套措施及应急机制以减少灾时损失。

（3）城市地下基础设施资源配置不均衡、发展机制不明确

当前，现有城市地下空间规划的有效性不足，存在地下基础设施资源配给不均衡、地下空间开发建设滞后于城市立体化发展需求的现实问题。地下空间发展较快的区域多为城市新区、新城，而地下空间开发利用需求最为迫切的区域通常是"城市病"集中体现的老城区。此外，我国城市地下空间开发利用普遍缺乏系统性和整合性，无法发挥地下空间在空间整合、交通组织等方面的综合效益。在竖向空间配置方面，各大城市的近地地下空间（即浅层和次浅层地下空间）最具开发利用价值，但由于缺少前瞻、科学的综合规划，地面大规模建设及道路下方市政管线的无序敷设，对地下空间的开发利用产生了严重影响。随着房地产项目和轨道交通项目的广泛开展，大城市的浅层地下空间接近饱和，较大城市地下空间开发利用的重心逐渐向次浅层转移，特大城市开始谋划深层地下空间规划建设的可行性。应对上述问题，需要更加重视土地存量更新模式下的地下空间重构发展。

2. 我国城市地下空间规划策略

城市更新背景下，为应对新发展阶段我国城市地下空间开发利用面临的一系列问题，更好地满足城市未来发展对城市地下空间开发利用的新需求，需针对性地提出新发展阶段我国城市地下空间规划的策略。

（1）健全有关城市地下空间规划的法律法规

在健全法律体系方面，应构建以《中华人民共和国民法典》为基础、以综合性立法为核心、以专项立法为骨干、以配套立法为支撑的地下空间开发利用法律体系，并尽快在高位阶法律中明确地下空间权属的概念、性质、权利限制、责任内容，以推动地方立法和规划、建设、运维等技术管理规范工作。在管理体制和机制方面，由于地下空间管理涉及众多部门，需从法律层面明确地下空间的管理主体及规划、人防、建设、环境保护等相关部门的法律职责，建立和完善综合管理机制。此外，还应尽快建立以三维地籍管理系统为基础的土地使用权出让配套保障体系。

（2）全面开展城市地下空间资源调查评估

① 开展城市地下空间资源调查评价。对地下建筑、地下基础设施、地下人防设施、地下矿藏、地热能、地下水、地下历史文化遗产等地下空间资产进行全要素勘测调查，对既有地下空间设施的安全性进行评估；开展城市地下空间资源环境承载能力和开发适宜性专项评价，明确各类资源的数量、规模、空间分布、利用现状等，并将其纳入国土空间规划"一张图"。

② 推动全要素、全周期、全方位的智慧化管理。推进重点地区地下设施与地下空间的全方位感知网络建设，提高对地下空间的实时监测与应急处置能力。深化大数据、人工智能、移动互联网、云计算、物联网、区块链等前沿技术在地下资源开发领域的融

合应用，构建地下空间"感-联-智-用-融"的智慧管理体系。推动地下空间开发利用相关的地质探测、建设现状、规划方案和运营维护数据，以及手机信令数据、兴趣点、交通流量等时空大数据的共享平台建设，建立健全数据标准规范体系和数据共享机制；发挥大数据在城市地下空间规划、建设和管理中的作用，提高城市地下空间因地制宜、因深度制宜、因地下功能制宜的精准化管理水平以及治理能力的现代化水平。

(3) 完善城市地下空间规划体系

① 健全地下空间规划管理制度和标准体系。涉及地下空间的建设项目，在规划条件、规划许可、规划核实时，应当依据控制性详细规划提出地下空间开发利用的控制要求。明确总体规划层面城市地下空间开发利用规划的重点内容和关键指标体系，明确控制性详细规划法定图则中必须包含地下空间规划要求的地区和建议包含地下空间规划要求的地区，完善地下空间控制性详细规划的技术准则与编制规范。

② 实现空间协同规划。在国土空间规划"一张图"的信息平台基础上，将城市地下空间规划与人防工程、市政设施、交通设施、公共服务设施等专项规划在地面以下的空间相协调，合理安排城市地下空间的竖向开发布局。在条件允许的情况下，建立城市地下空间规划的三维信息平台。

③ 探明城市地下空间的资源环境承载力。鉴于地下空间的资源禀赋特征、开发不可逆性和外部影响性较大等特点，开展城市地下空间资源环境承载能力和开发适宜性专项评价，以城市可持续发展为价值导向，全面评估地下空间开发利用对城市发展的外部效应（包括正外部性和负外部性）；明确城市地下空间设施的最大合理规划规模和适宜空间，明确不同国土空间用地分类与分区情况下的地下空间设施功能规划适用性，提出地下水资源、地热资源、地下历史文化资源等的保护范围、控制要求以及与地下空间设施协同规划的模式。

(4) 构建以大数据为驱动的地下空间规划新范式

就多源时空大数据特征而言，城市地下空间规划的智能化研究有其自身限域。一般来说，针对城市地下空间规划的多源时空数据多为非抽样采集的数据，具有高密度、有偏性、高精度等特征，需要在实际应用中结合传统规划数据合理利用，并采用不同技术手段与统计学方法提高数据分析质量。此外，城市地下空间规划涉及的多源时空数据规模虽可能无法达到标准意义上的大数据体量，但又超越了传统意义上的规划数据规模。另外，近年出现的多源时空数据展现了传统规划数据难以捕捉的时空行为特征，可作为既有规划数据的补充与延展，从全新视角推进城市地下空间规划设计的数字化转型。

在多源时空数据与传统规划数据并存的新数据环境下，构建以数据为驱动要素的规划研究范式成为可能，进而为城市地下空间的规划管理智能化转型提供支撑。在规划编制层面，可将多源时空数据作为城市地下空间规划应用和服务层面的主体内容。在前期研究阶段，多源时空数据可用于城市地下空间利用的知识挖掘与规律认知，帮助规划设计人员明确地下空间的调控和引导方向。在规划编制阶段，多源时空数据助力城市地下空间规划方法创新，通过量化分析、情境分析与推演预测等方式协助决策，将多源时空数据应用于城市地下空间的交通评价、功能布局、绩效评估、规划管理等环节，是对既有规划技术体系及管理模式的深度优化。

（5）重构存量建成地区的地下空间结构

一般而言，对城市建成环境的更新更为复杂，除地上建筑外，大量的地下建（构）筑物随快速城镇化而生，是耗费大量社会资本营建的宝贵空间资源。特别是分布广泛的人防工程，目前被大量闲置，理应在城市更新地区地下空间重构发展中发挥应有的作用。为此，需要深入研究存量信息，探索更新地区复杂建成环境下的地下空间重构规划理论与方法、结构设计与施工方法以及相应的法律配套和激励政策，做到规划科学、建造安全、经济可行、机制明确。

在规划方面，充分、全面地评估城市更新地区的社会人文、经济活力、生态环境等发展需求，结合既有地上地下基础设施在动/静态交通、公共空间、邻避设施、商业活力和空间效率等方面的供给能力，从微观层面揭示存量更新背景下地下空间重构模式（包括存量用地城市地下空间的增量拓展、既有地面设施的地下重置、存量地下设施功能的适用性改造、既有地下设施空间秩序的整合重组）的决策机制，进而结合多目标优化算法确定重构后的地下空间规划布局方案。

（6）统筹规划建设城市新区的地上、地下空间

在城市更新背景下的新发展阶段，城市新区的地下空间开发利用，需以提高土地综合利用效率和最大限度释放地面空间用于人的活动为出发点，全方位打开新城立体发展格局。在开发策略方面，遵循分区、分层、分类的发展原则，结合功能属性和空间属性的分异性特征，对城市新区不同区位、不同深度和不同类型的地下空间及地下基础设施，提出针对性的规划建设管控引导。在核心区应合理规模化开发地下空间，适当推动公共设施地下化，通过地上、地下空间的整体开发和完整连续的功能界面，加强步行与商业、文娱等服务功能的空间融合，提升地下空间品质，打造充满活力的地下步行网络，实现地上、地下空间一体化发展；分层、分类利用地下空间，系统整合公共活动、基础设施、地下交通、市政、物流等各类功能，推进市政基础设施的地下化建设；针对中远期的地下空间资源开发，在开发利用时应进行合理的预留和控制，对地下空间开发的时序、空间布局、类型、规模及范围等要有一定的预见性与动态可调整性。

（7）加强地铁站域地下空间的规划控制

随着我国各大城市地铁网络的不断完善，地铁沿线站域地下空间发展模式逐步向功能要素高度集成的综合化、规模化利用方向演进。现阶段，地铁沿线站域地下空间这一核心概念在空间领域及空间功能层面的拓展持续加深，与地铁车站在物理空间上相邻、功能联系密切的地下空间，都可以被视作广义的地铁沿线站域地下空间，地铁沿线站域地下空间的规划，将有效适配我国城市的高密度人居环境。立足新发展阶段和城市高质量发展的建设背景，可将地铁沿线站域地下空间建设成为兼具功能、文化与生活属性的重要城市空间，以及各类地下空间与地下设施的工程融合体。

1.3.3 园林景观规划设计策略

城市更新是对城市功能布局、经济结构和空间结构的优化调整，旨在应对快速城市化带来的挑战。该过程针对城市中基础设施陈旧、公共服务设施不足及环境质量下降等问题，实施系统的更新和重建。园林景观设计在城市更新过程中发挥着核心作用，不仅能提升城市的生态功能和美学价值，还能改善居民的生活质量。通过增加绿色空间、调

节城市气候和增强生物多样性，城市更新项目力图创造更宜居、更可持续和更具吸引力的城市环境。

1. 园林景观规划设计在城市更新中的角色

园林景观规划设计在城市更新中承担着多重角色，不仅能美化城市环境，还能增强城市的生态和社会功能。这一规划设计领域将自然元素融入城市结构，提供必要的生态服务，如改善空气质量、减少城市热岛效应以及应对城市内涝。同时，园林景观作为公共空间的重要组成部分，为人们提供了社交互动的场所，有助于促进社区的凝聚力和居民的身心健康。通过引入创新的规划设计理念和使用可持续的材料，园林景观设计师不仅能应对现有的城市问题，还能预见未来发展需求，助力城市实现长远的可持续发展目标。这种综合性的规划设计方法，强调了在城市更新项目中园林景观的重要性，凸显其在提升城市质量和居民生活标准中的核心作用。

2. 城市更新背景下园林景观规划设计的可持续发展策略

（1）生态环境保护

在城市更新背景下实施园林景观规划设计的生态环境保护时，广州海珠湿地公园的更新项目是一个突出例证。该公园展示了如何通过生态设计提升城市绿地的生态功能和公众使用价值。海珠湿地公园的更新重点在于通过自然恢复与人工修复相结合，为众多动植物提供了栖息地；作为城市的"绿心"，通过植被覆盖和水体调节，缓解了城市热岛效应，改善了城市微气候，为广州市民提供了宜居的生态环境；通过水系连通和水位监测，改善了水质，湿地内水质从劣Ⅴ类提升至Ⅲ类，部分指标达到Ⅱ类标准；采用"原生态、微改造、少干预"的保护模式，致力于果园系统修复和水网生态恢复，提升生态系统的自我维持性及多样性。通过这些细致入微的设计，海珠湿地公园不仅成为一个生态公园的范例，也成了市民亲近自然、体验生态环境的理想场所。

（2）节能与资源再利用

在城市更新背景下实现节能与资源再利用的设计方法，是园林景观规划设计中的重要组成部分。以北京朝阳公园的景观设计为例，该项目突出展示了如何通过采用节能技术和资源循环利用策略，提升城市公园的可持续性。设计团队采用了一系列创新技术与方法，将环保理念融入景观设计中，实现了能源的高效使用和材料的最大程度回收。

在节能方面，公园使用太阳能路灯和自动灌溉系统，这些系统由太阳能板供电，有效减少了对传统电网的依赖。太阳能路灯通过日间充电、夜间照明，降低了能源消耗和碳排放。自动灌溉系统则根据土壤湿度和天气预报自动调整水量，避免过度浇水和水资源浪费。

在材料再利用方面，设计团队优先选择再生材料和本地材料。公园的步道和座椅使用回收的塑料和木材，既减少了对新材料的需求，又减轻了废物处理系统的负担。园中的植物废料（如树枝和落叶）被收集起来转化为有机肥料，用于植被养护，形成自我维持的生态循环。

此外，公园还通过安装雨水收集系统来收集和利用雨水，收集到的雨水经过简单过滤后用于灌溉公园内的植物，这不仅减少了自来水的使用量，还有效控制了雨水径流，降低了城市洪涝的风险。

通过细致且具体的实践措施，朝阳公园不仅提升了自身的环境功能，还为城市提供了可持续发展的绿色示范，展示了园林景观设计在促进资源节约和循环利用方面的潜力与创新。

（3）整合社会文化功能

在城市更新背景下，园林景观规划设计中整合社会文化功能，是实现城市可持续发展的关键。以海尚明珠智慧园（原广州城安围船厂）改造项目的绿地系统重构为例，该项目通过深入挖掘和融入地区的历史文化元素，有效地提升了公共空间的社会文化价值。滨江区域的设计不仅考虑了生态和美观需求，更重视历史记忆与文化传承的展现，使园林景观成为连接过去与现在的桥梁。项目中，设计师巧妙地将13～16栋（原轮机车间、船体车间）的历史传统风貌建筑与新建设施结合，通过恢复码头岸线、修缮历史传统风貌等方式，让新的景观设计与地区的历史背景和文化特色相呼应。这种设计既保留了造船文化记忆，又吸引了游客和市民的参与，提高了地区的知名度和吸引力。

此外，海尚明珠智慧园改造项目的绿地系统还重视社区居民的参与，设计中规划了多功能的社区活动场所，如户外表演舞台、社区花园和室外咖啡座，旨在鼓励社区居民的互动和文化活动的举办。通过这些公共空间的设计，不仅促进了居民之间的交流，还增强了社区的凝聚力。该项目还特别关注青少年和儿童的文化教育需求，通过建设户外教育设施和互动式的学习环境，如科普教育路径和自然探索，培养年轻一代的环保意识和文化认同感。

通过园林景观规划设计，海尚明珠智慧园改造项目不仅美化了城市环境，更通过这些细致入微的设计元素，成功地将社会文化功能整合进城市的绿色发展中。

1.3.4 历史文化遗产保护策略

城市更新与历史文化遗产保护关系紧密。通过城市更新，可解决历史风貌街区、古镇等老城老区存在的历史建筑老化破损、基础设施落后、历史建筑荒置破败等问题，为城市注入新的发展活力。同时，历史文化遗产的保护也需在城市更新中做好兼顾。城市更新应实现历史文化遗产的活化利用，既为城市增添浓厚独特的文化韵味，又提升了城市知名度与吸引力。在城市更新过程中，应优先考虑历史文化遗产保护，通过采取有效措施，以活化、焕发历史文化遗产活力生机，提高利用效率，激发各方利益相关者参与保护工作的积极性。充分考虑历史文化遗产的不可复制性与不可再生性，城市更新应通过结合科学、系统的措施，尽可能地保留和传承其独特的文化价值。城市更新背景下的文化历史遗产保护策略主要体现在以下几个方面。

1. 建立健全历史文化遗产保护机制

（1）设立专责专职的文保机构

建议成立历史文化遗产保护中心或委员会，确保历史文化遗产得到充分的保护与重视。文保机构负责制定和执行保护政策，以及监督管理历史文化遗产的保存与传承工作。保护机构应制定全面的保护规划和计划，包括确定需要保护的历史文化遗产的范围、制定保护标准和目标、提出具体的保护措施和时间表等。文保机构提出的规划和计划应满足城市更新的需要，应确保历史文化遗产得到合理的保护与利用。历史文化遗产保护涉及多个部门，因此需要加强跨部门的协调合作。文保机构可以发挥承上启下的作用，推动上级政策措施在基层落实落地，协调各相关部门在历史文化遗产保护方面共同采取行动。

(2) 制定多元化的资金筹集策略

通过多元化的资金筹集策略,保证保护项目持续推进。通过设立专项基金将为保护工作提供稳定的资金来源。通过社会筹款活动既能动员公众参与,又能增强社会对文化遗产保护的意识和责任感。通过鼓励企业捐赠,不仅能为保护工作带来额外的资金支持,还能提升企业的社会责任形象。在有条件的情况下,甚至可积极探索与国际组织、基金会的合作机会,以争取更多的国际资金与技术支持。通过建立健全的资金监管和审计机制,确保每笔资金都能透明、高效地用于文化遗产的保护和修复工作。通过多元化的资金筹集策略,不仅能保障历史文化遗产的长期保护,还能促进文化旅游业的发展,带动地方经济增长,实现文化遗产保护与社会发展的双赢。

(3) 积极倡导公众参与历史文化遗产保护工作

结合遗址公园、文化遗址、博物馆等载体,开展多样化的公共教育活动,如组织文化遗产节庆、展览、讲座和互动体验,让公众能够近距离接触并深入了解文化遗产;利用新媒体和社交平台,推广线上教育和宣传活动,扩大文化遗产保护的受众基础;将历史文化教育纳入学校课程,从小培养学生的保护意识。通过有效的宣传教育,可以提升公众对历史文化遗产价值的认识,从社会公众层面增强对历史文化遗产的保护意识。

(4) 建立和完善监督与评估机制

文保主管部门应制度性、周期性地对文保项目保护情况进行审查和评估,确保各项措施得到严格执行。通过建立开放的反馈渠道,从政府网站留言、市民热线、专题论坛、专家评审会等渠道,鼓励公众、专家及社会组织提出建设性意见,以不断优化保护策略。评估结果应公开透明,接受社会各界的监督,确保保护工作的公正性和透明度。通过这些措施,可以及时发现并解决保护过程中的问题,持续提升保护工作的质量和效果。

建立和完善历史文化遗产保护机制需要在多个层面采取措施,这些措施的联合实施将有助于实现城市更新与历史文化遗产保护的平衡发展,进而推动城市的可持续发展。

2. 将保护工作渗透到城市更新进程中

在城市更新与历史文化遗产保护中,将保护工作渗透到更新改造之中具有重要的意义。在城市的更新进程中,将历史文化遗产作为城市文化符号,充分发挥其文化价值和影响力,通过保留和利用这些历史文化遗产,可以提升城市的形象和独特性,进一步增强市民的文化认同感和自豪感。为了将保护工作渗透到城市更新进程中,可采取以下四方面举措。

(1) 保留并活化具有历史文化价值的建筑、街区及景观

城市中具有历史文化价值的建筑、街区和景观(包括老城区、历史街区、古镇、历史风貌建筑区等),既承载着城市的记忆与精神,也是城市文化自信的体现。通过科学的修缮与合理的利用,结合举办历史文化主题活动、开发历史文化产品等方式,可让老城市焕发新活力、老建筑融入当代生活,成为城市的新地标或特色景点。例如,上海的卢湾区在兼顾成片拆旧改造与历史街区保护的前提下,采用"新天地模式"对历史风貌进行保护与老建筑再利用,通过艺术的提升、时尚与商业改造,将居住空间转变为共享空间,实现了老建筑的活化利用。

（2）在城市更新中传承和发展历史文化遗产

城市更新不仅是物理空间的改造，更是文化传承与发展的过程。通过开展历史教育和推广文化旅游，让更多市民了解并欣赏城市历史文化遗产，进而促进其传承与发展。具有历史价值的建筑或街区，可通过城市更新改造，转型为当地历史文化博物馆、遗址公园、艺术中心或教育场所，通过实物展示和活动组织，让市民和游客亲身体验城市的历史与文化，在保护的同时实现遗产的展示与利用。例如，广州市第六中学（花都校区）坚持历史文化保护传承，结合周边丰富的文物资源，将树滋庄古建筑群改造为学校的"六艺书院"功能区，在保护原有历史风貌的前提下，实现了对历史建筑的合理开发利用，如图 1.1 所示。

(a) 保护前　　　　　　　　　　(b) 保护后

图 1.1　六艺书院功能区建筑保护前后对比

（3）构建科学合理的多方沟通协调机制

城市更新及历史文化遗产保护是一项系统工程，需要各主体共同参与、共同推动。不同主体的利益与需求存在差异，在具体保护工作中的职责和要求也各不相同，为更好、更科学地开展保护工作，通过建立联合工作组、制订联合计划等方式加强各主体间的沟通与协作，构建科学合理的多方沟通协调机制，能够形成合力，进而推进城市更新和历史文化遗产保护工作。通过当地规划或文保主管部门牵头，联合领域专家、房地产开发、城市规划、建筑设计等多领域、多类型的单位部门组成专项工作组，同时加强社会公众参与，平衡多方利益，使城市更新方案中涉及历史文化遗产保护的内容在制定过程中实现系统化、科学化、规范化。

（4）科学制定城市更新规划和政策

城市更新规划和政策的科学性与合理性，是确保历史文化遗产得到有效保护的重要保障。制定城市更新规划和政策时，应充分考虑历史文化遗产的实地保护与有效利用需求，确保城市更新与历史文化遗产保护协调发展。在规划和政策中，需明确规定历史文化遗产保护的范围、标准和具体措施，确保历史文化遗产得到充分的保护与合理利用，实现城市可持续发展与文化传承的双赢。在城市更新与历史文化遗产保护中，要审时度势，采取积极稳妥的保护措施，将保护工作渗透到更新改造全过程，加强历史文化遗产的保护与城市文脉的传承。

2 城市总体规划设计

2.1 城市用地评价、组成和选择

2.1.1 城市用地评价

在国土空间总体规划中,需要对城市可能的发展用地从自然条件及社会条件等方面进行评价,确定其在工程技术上的可能性和经济性,为合理选择城市发展用地提供依据。城市用地评价是编制总体规划的重要前期工作。

1. 构成用地自然条件的要素

(1) 地形

地形直接关系到城市的选址、规划布局、平面结构和空间布置。地面的高程和用地各部位的高差,是竖向规划、排水及防洪等方面的设计依据。地面的坡度对建筑布置、道路选线、纵坡确定及土石方工程量大小有直接的影响。同时,地形与小气候的形成有关。通信、电波等对地形也要有一定的要求。

开展用地评价时,需要收集的地形资料包括有关高程、坡度、地表建筑物等地形地貌的分析资料,以及与总体规划图比例一致的地形图或遥感图(通常比例尺为1:5000或1:10000)。

(2) 地质

地质条件对规划和建设的影响是多方面的。不同的地基承载力关系到城市用地选择、建设项目分布、建筑层数及工程建设的经济性。选择建设用地时应避开可能发生滑坡、崩塌及存在大量冲沟的区域。在地震活动较强的地区,地震是必须考虑的因素,直接影响到城市用地选择、规划布局、建筑布置以及各项工程的抗震设计。此外,地下矿藏资源的分布与开采,可能影响到城市的用地选择和布局形态。

需要收集的地质资料包括地质构成(如活动断层、滑坡、熔岩泥石流、沼泽、泥炭层等的位置、成因和活动特性)、地震情况、土层构造、地下矿藏情况(种类、分布范围、储量、品位和开采计划)等。

(3) 水文及水文地质

江河湖泊等地面水体可作为城市水源,同时在水运交通、改善气候、稀释污水、排放雨水及美化环境等方面发挥作用。但也可能造成洪水侵蚀、河岸冲刷、水土流失、河床淤积等不利影响。地面水体的状况与城市布局、用地选择、农业及某些工业项目的安排、给排水工程、污水处理、堤坝建设等有密切关系。地下水常作为城市水源,对城市选址、规模及建设用地也有重要影响。

在进行用地评价时,应收集的资料包括规划地区及相关区域的江河、湖泊、海洋、渠道等水文资料（如一般水位、历史不同重现期的最大洪水水位、洪水淹没范围和面积、淹没区的基本情况及洪水规律、流量、流速、含砂量、河道变化情况等）；地下水资料（如地下水的等水位线和基本流向、水质、泉水及自流井的位置、流量、含水层厚度、构造、水源补给区位置和范围等）。

（4）气象

气象条件对城市规划有多方面的影响，尤其在为居民创造适宜的生活环境及防治环境污染方面。太阳辐射关系到建筑的日照标准、间距、朝向的确定，以及建筑的遮阳设施及各项工程的热工设计。风向与环境保护关系密切，直接影响工业区的布置及防风、通风和工程的抗风设计。气温对工业生产工艺、建筑的采暖或降温措施有影响。降水量大小关系到城市的排水设施，山洪形成和洪水威胁会影响城市用地选择和防洪工程。温度不仅与居民居住环境相关，也和某些工业生产工艺密切相关。

需要收集的气象资料包括风向及其频率、风速、气温、降水量、蒸发量、暴雨强度和日照等。

（5）生物植被

一个地区的生物和植被条件，会影响到城市用地选择、环境保护、绿化、郊区农副业生产的安排、风景规划等。

在进行用地评价时，需要收集的有关资料包括野生动植物种类和分布、生物资源、植被及生物生态等。

2. 构成用地的社会条件要素

社会条件要素主要来自以下几个方面。

（1）历史形成的地区状况

如城市现状，现有铁路、机场或其他专用设施及风景区用地情况、文物古迹的分布、地下文物的埋藏范围等。

（2）政策因素

政策因素包括建设方针、农业政策（如保护耕地）等。

3. 城市用地评价的注意事项

在完成资料收集工作后，便可进行用地评价。评价时，一般以自然环境条件作为主要依据，同时兼顾人文和社会等因素。评价时应注意综合鉴定，不仅要考虑各环境要素的单独作用，更要从环境意义上考虑它们之间的相互作用和有机联系。同时，还要注意抓住对用地影响最突出的环境要素（主导要素）进行重点分析和评价，以提供具体而可靠的依据。为便于选择城市发展用地，一般将用地分为三类或四类。现以四类为例进行分析，见表2.1。

表2.1 用地分类

类别	详细介绍
第一类：适宜修建的用地，即不需要或只需要稍加工处理后就可用于建设的用地	地基承载力不小于1.5kg/cm²；地下水位低于一般建筑基础埋置深度；不被洪水淹没；地形坡度一般不超过10%；没有沼泽、大的冲沟、滑坡或岩溶现象

续表

类别	详细介绍
第二类：需要采取一定的工程措施，改善条件后才能修建的用地	一般地质条件较差（地基承载力 1.0~1.5kg/cm²），需对地基做适当处理；地下水位较高（地表下 1.0~1.5m，甚至小于 1m）；易被洪水淹没（但水深不超过 1m）；地面有积水或沼泽现象；有非活动性冲沟、滑坡和岩溶现象；地形坡度小于 20%
第三类：不适宜修建的用地	包括高产农田及地质条件复杂的地区（如流动性软土、尚未稳定的填土、厚 2m 以上的泥炭层、饱和松砂层）；经常受洪水淹没的地区（水深超过 1.5m）；有活动性冲沟、滑坡、岩溶、断裂带及坡度为 20%~25%的地区
第四类：完全或基本上不能用作城市建设的地段	包括有开采价值但开采时对地表有较大影响的矿藏、给水水源防护地带、现有铁路、机场或其他专用设施用地、重要的文化遗址及古迹埋藏地、已经划定的自然风景区和保护区、森林地带等

分析评定的结果，一般绘在用地评价图上，图中应包括：不同重现期的洪水淹没线；地下水等深线；不同土壤承载力的范围；矿藏的范围；不宜修建地段的范围（如地陡坡、活动性冲沟、滑坡、沼泽地以及遭受冲刷的河岸地段）；采用简单工程措施后可作为修建用地的范围（如小型冲沟、沼泽地、采掘场和非活动性滑坡地段）；不能修建的地区范围（如高产田、文物保护范围、原有工厂、铁路、水源保护区等）。亦可在上述工作的基础上，按前面提到的标准，直接绘出三类或四类用地的范围。

2.1.2 城市用地组成和选择

1. 城市用地组成

城市一般由下列不同类型的用地组成。

（1）生活居住用地

包括居住用地、公共建筑用地、公共绿化用地、道路广场用地等。其中，居住用地指住宅街坊（小区）内的居住建筑用地、道路用地、绿地和公共建筑用地；公共建筑用地指为整个城市服务的商业、文教体育、医疗卫生和行政经济机构用地；公共绿化用地指为全体城市居民服务的公园、游园、动物园、陵园以及城市林荫道绿地和滨河绿地等；道路广场用地指城市主要干道网、广场和停车场等用地。

（2）工业用地

主要指工业生产用地，包括工厂、动力设施及工业区内的仓库、铁路专用线和卫生防护地带等用地。

（3）对外交通运输用地

即城市对外交通运输设施的用地，包括铁路、公路线路及各种站场用地、港口码头用地、民用机场用地及防护地带等用地。

（4）仓库用地

指专门用来存放生活资料和生产资料的用地，包括国家储备仓库、地区中转仓库、工业储备仓库、市内生活供应服务仓库、危险品仓库以及露天堆栈（场）等用地。

（5）大专、科研机构用地

包括大专院校、中等专业学校，具有独立用地的科学研究机构、试验站等用地。

（6）风景游览用地

指城市风景游览区绿地，包括园林部门和文化部门管理的、供游览的风景森林公园及名胜古迹等用地。

（7）市政公用设施用地

即供应公用设施和工程构筑物的用地，包括水源地、自来水厂、污水处理厂、变电所、煤气厂（站）、消防站、各种管线工程及其构筑物、防洪堤坝、火葬场及墓地等用地。

（8）卫生防护用地

主要指居住区与工厂、污水处理厂、公墓、垃圾场等地段之间的防护绿地或隔离地带，水源防护用地以及防风、防沙林带用地等。

（9）特殊用地

如文物保护区、自然保护区、军事用地及监狱、看守所等。

（10）其他用地

不属于以上所列项目的其他城市用地，包括市区边缘的农田、菜地、苗圃、果园林地、牧场及城区内零星分布的农居和闲置地块等。

不同性质与规模的城市，其用地的构成也各不相同。如工矿城市中，工业、运输和仓库用地往往成为城市用地的主体；科教型城市中，科研设计机构、试验基地和大专院校用地构成了城市用地的重要部分；风景旅游城市中，风景区、园林和各种自然及人文景观用地在城市用地中占有相当比重。城市各项用地之间的内在联系，可通过编制城市用地平衡表来呈现。

2. 城市用地的选择

根据城市及各项设施对用地环境的要求，在一定区域内对城市及其各项用地的范围和发展用地进行鉴别与选定，称为城市用地选择。它是城市总体规划中的一项重要工作内容。不仅新城市建设需要选择合适的城址，旧城扩建也同样存在用地选择的问题。用地选择在一定程度上决定着城市功能分区的布局，对各项建设的经济效益和经营管理也有一定影响。

（1）用地选择的原则

① 尽可能满足城市工业、住宅、市政公用设施等在土地使用、工程建设和对外界环境方面的要求，尽可能减少工程准备的费用。

② 注意新建与旧城改建、扩建的不同特点。新城选址一般是在区域规划过程中从区域范围内选定，旧城扩建则要考虑与现状城市的关系。

③ 要考虑城市的发展可能，确保具有足够适宜建设需要的用地；同时应根据城市发展布局选择发展用地。

④ 要有利于城市总体布局，使各类不同功能用地之间（特别是工业用地和生活居住用地之间）具有良好的相互关系。

⑤ 注意发挥城市现有设施的作用。

⑥ 贯彻有关城市建设方针。如节约用地，尽可能少占用耕地（特别是高产农田）等。

（2）用地选择的方法和步骤

① 对可供选择的用地进行综合评定，划出适宜建设（包括采取一定的工程准备措

施后适宜建设）的用地范围和不适宜建设的用地范围。

② 估算适宜建设的用地对城市建设需要的满足程度时，需按照我国人均占地规范标准。由于不同气候分区对应的人均占有量存在差距，城市总用地的需求量也相应变化。

③ 在适宜建设的范围内选择工业、生活居住、仓库、对外交通、市政公用设施等各种用地。

④ 对城市功能分区进行多方案综合比较，确定合理可行的方案。在进行方案的综合比较时，需要从社会、经济、技术、环境等方面进行全面的考虑。应考虑的主要问题包括：用地的环境条件是否有利于集中紧凑地进行建设和减少工程准备措施的投资；是否占用农田（特别是高产农田），占用农田带来的利益和由此引起的损失及所需的补偿费用相比，社会效益和经济效益如何；城市各种用地的安排是否合理（特别是工业用地和生活居住用地关系是否恰当，对外交通联系是否方便，主要市政工程设施布置是否经济合理等）；城市绿地的分布情况；城市有无进一步发展的条件；原有城镇是否得到充分利用。

2.2 城市组成要素的规划布置

2.2.1 城市工业与仓库用地的规划布置

1. 城市工业用地的规划布置

（1）工业区的组成和分类

工业区是指按照城市规划、工业生产和环境保护的要求，在城市内集中布置工业企业的地区，是当前工业企业在城市内布置的主要方式。合理安排工业区与其他功能区的相互位置，是城市总体规划的一项重要任务。

工业区一般由若干工业企业，辅助和维修企业，仓库，道路或铁路专用线、码头、站场等交通运输设施，电力、热力和燃气等动力设施，给水排水等工程设施和公共服务设施，建筑施工基地，科学技术中心，绿化和卫生防护地带，预留发展用地等组成。

我国的城市工业区一般可按工业企业之间的协作形式分为四类：①大型联合企业及其附属企业组成的工业区（如冶金、纺织等工业部门组成的工业区）；②因产品需要配套而组成的工业区（如机械工业中某些行业的产品部件生产厂组成的工业区）；③为便于综合利用原料、副产品和"三废"而组成的工业区（如大型石油化工工业区、炼铝工业区）；④共同利用厂外公用工程的工业区（实际上是一种混合型工业区，其组成部分在性质、门类、规模上往往各不相同）。另外，也可按工业区内主体工业企业的性质分类，如冶金工业区、纺织工业区、机械工业区、石油化学工业区、电子工业区、建筑材料工业区等。

（2）城市工业用地在布置上的基本要求

各类工业对用地的要求不尽相同，且随着科技和工艺的进步，对用地的要求也在变化，但从大的、基本的方面看，包括下述几个方面。

① 位置要求。应避开机场、水利枢纽、大桥等战略地点，以及国际航线；避开古墓、文物、风景名胜及高压输电线走廊等。

② 建设条件要求。应尽量避开地质条件恶劣的地区和土地承载力小、地下水位高的地带；如禁止布置在有开采价值的矿藏上面；禁止布置在有爆破危险地区或水库坝址下游；禁止布置在洪水淹没区，如实在无法避免时，应考虑围堤或防洪措施。场地的自然坡度要和拟建工厂的运输方式、工艺特点和排水坡度相适应。

③ 对用地形状和大小的要求。用地的具体形状和尺寸，应根据工业企业的生产门类、机械化和自动化程度、运输方式、工艺流程及建筑层数而定，但都应考虑发展要求，在准备发展的用地上留有余地。

④ 水源要求。用水量大的工厂应靠近水源充足的地方且布置在水流的下游，厂址与水源高差不应太大。有的工厂对水质有特殊要求（如食品厂、造纸厂、纺织厂），应在选址时加以考虑。

⑤ 能源要求。能源是安排工业区的先决条件之一。用电量大的工厂（炼铝、电炉炼钢、铁合金等）应靠近电源布置，蒸汽及热水用量大的工厂（染料厂、碱厂、造纸厂）应尽可能靠近热电站。

⑥ 交通运输要求。便捷的运输条件，对于节省建厂投资、方便原料和成品输送、提高效率、降低成本有重要意义，因此，一般工业企业均希望沿公路、铁路、通航河流布置。采用铁路运输的工业要布置在便于接轨的地段，地形坡度要符合线路要求；采用水路运输的要尽量靠近码头；利用公路进行运输时，沿途的公路构筑物及桥涵应具有通过最大尺寸、最重货物或原件的能力。

⑦ 环境卫生要求。如排放有害气体的工厂，不宜布置在静风频率高的盆地，而应布置在空气流通的高处，以免有害气体弥漫不散，影响环境卫生。

⑧ 其他特殊要求。如某些工厂对气压、湿度、含尘量、防磁、防电磁波等方面的要求。

(3) 城市工业用地规划布置的原则

由于工业区占地广，职工人数多，对城市的布局结构和城市用地的发展方向影响大，因此规划时必须慎重周到，既要满足工业本身在用地上的各种要求，又要有利于城市总体的健康发展。一般来说，城市工业用地的规划布置应遵循下列原则。

① 符合工业生产本身的特点和要求。也就是说，要满足工业企业在位置、建设条件方面的要求，在用地的形状和大小方面的要求，在发展余地上的要求，在交通运输中环境卫生方面的要求，以及在水源和能源方面的要求（对用水量大的工业项目，在安排时应注意和农业用水协调平衡）。

② 尽量节约用地。充分利用荒地、薄地，不占或少占良田好地，平面布置上应尽可能集中、紧凑。性质相近或生产协作关系密切的工厂应配置在一起，以减少货物运输量和市政工程费用，并给工厂之间的协作及原材料的综合利用提供方便。

③ 隔开工业区与居住区。在城市用地组织上，工业区与居住区之间要求隔开一段距离（特别是噪声大的工厂更应布置在离居住区较远的地方），并在隔离地带内布置绿化作为卫生防护带，但同时又要保证两者之间有方便的交通条件和直接的联系，以利于职工上下班。

④ 减轻污染。工业区一般应布置在城市的下风、下游地带，以减轻对城市的污染。在城市现有水源及规划水源上游不得设置排放有害废水的工业，也不得在排放有害污水的工业下游开辟新的水源。应把对水质有不同要求的工厂串联起来，实现水的重复利用，以减少废水量。对于可以综合利用废水的工厂应就近布置。对废水性质相近且可集中处理的工厂也最好能集中布置。对工业废渣，应根据其成分、综合利用的可能，在产生它的工厂周围安排一些配套项目，以求物尽其用。

⑤ 散发有害气体的工业不宜集中。散发有害气体的工业不宜过于集中在一个地段，特别是排放物有可能在大气中相互作用而导致新的有毒化合物产生的工厂，不能布置在一起（如氮肥厂和炼油厂，其排放物可在大气中发生化学反应产生光化学污染）。

2. 城市仓库用地的规划布置

仓库用地是指城市中专门用作储存物资的用地。在城市规划中，仓库用地并不包括工业企业内部、对外交通设施内部或商业服务业内部的仓库，而是指城市中单独设置的存放生产、生活资料的仓库、堆场及其附属设施的用地。

(1) 城市仓库的分类

一般可分为储备仓库（存放国家或地区储备与战备物资的仓库）、转运仓库（位于车站、码头做中转物资短期存放用的仓库）、供应仓库（为本市生产生活服务的物资供应仓库）、收购仓库（暂存收购物资以待批发转运的仓库）几种。

(2) 仓库用地布置的一般原则

仓库用地布置的一般原则为：①能满足仓库用地的一般工程技术要求，如地势高亢、地形平坦（最好有小于3%的坡度以利排水）、地下水位不高、工程地质条件较好、承载力较高、不受洪水威胁等；②有方便的交通运输条件，一般大型仓库必须具备铁路运输或水运的条件；③有利于建设和经营使用，同类仓库尽可能集中布置，不同类型和性质的仓库最好布置在不同的地段；④有足够的用地，并有一定的发展余地，尽量节约用地；⑤沿河布置仓库时，要考虑城市居民生活、游憩利用河（海）岸线的问题，与城市直接关系不大的储备仓库和转运仓库应布置在生活居住区以外的岸边；⑥注意城市环境保护，防止污染，保证安全。

(3) 仓库在城市中的布局

小城市宜设单独的地区来布置各种性质的仓库；大、中城市仓库区的分布应采用集中与分散相结合的方式。一般来说，国家储备仓库和转运仓库同所在城市关系不是很密切，可设在城市郊区或远郊区有水陆交通条件的专用独立地段上。收购仓库如以农副产品和当地土产为收购对象，应设在货源来向的郊区入城干道口或水运必经的入口处。危险品仓库要布置在城市远郊的独立特殊用地上，并与使用单位方向一致，避免运输时穿越城市。冷藏库应结合屠宰场、加工厂布置，设在郊区及河流下游方向。燃料及易燃材料仓库应满足防火要求，布置在郊区独立地段，位于城市下风方向。特别是油库选址，应离开城市居住区及各种重要设施，最好在地形低处，并采取一定的防护措施。

2.2.2 城市对外交通运输的规划布置

城市对外交通运输是指以城市为基点，与城市外部进行联系的各类交通运输的总称，是城市存在和发展的必要条件。城市对外交通运输的组成和规模取决于这个城市的地理位置、职能规模、发展潜力及其在全国或地区交通网中的地位。一个职能较为完备的城市一向都有多种对外交通运输方式，如铁路、公路、水运和空运等。这些运输方式各有自己的特点和适应范围，它们结成网络，共同为城市服务。城市对外交通运输的规划布置，是城市总体规划设计的一项重要内容。

1. 城市对外交通运输对城市规划的影响

城市对外交通运输对城市规划的影响是多方面的，具体内容如下。

（1）对城市形成和发展的影响

城市对外交通是城市发展的重要因素之一，历史上形成的城市大都位于水陆交通要津。有的随着内河或海运事业的发展而形成，如上海、武汉、广州、泉州等；有的因位于铁路衔接点或交会点而发展起来，如郑州、石家庄、哈尔滨等。反之，对外交通条件的变化导致城市衰退的，历史上也不乏其例。

（2）对城市人口和用地规模的影响

城市中从事对外交通运输业的职工，在一般城市中占劳动人口的 5%～10%，在以交通运输为主要职能的城市中则要占到 10%～15%。在用地方面，根据我国的统计材料，对外交通运输设施用地平均占城市建设用地面积的 6.4%，重要的交通枢纽城市可达 10%，甚至更多。

（3）对城市布局的影响

对外交通运输设施的布置对城市工业、仓库和生活居住区的位置影响很大，如货运量大的工业、仓库要接近对外交通线路，而生活居住区则宜与之保持一定的距离；对外交通运输设施的布置还影响到城市发展用地的选择，如港口城市的用地就和岸线位置有关，有铁路干线通过的城市，城市的发展方向在很大程度上取决于铁路干线的走向。

（4）对城市道路系统的影响

城市对外交通的车站、码头、机场是市内外交通的衔接点。为了充分发挥运输效率，对外交通运输设施与市内道路系统必须统一规划，在规划布局上解决好站场、线路与内部交通相互结合的问题。

（5）对城市景观的影响

铁路客运站、水运码头、航空港是城市的重要公共建筑物和大门，它们和站前广场及车船入城干道两边的景观一起，构成了城市风貌的重要"窗口"。

2. 对外交通运输规划布置的基本原则

① 合理组织城市对外交通综合运输。即按照各种运输方式的技术运营特点、货流条件与地区条件，综合利用它们的设备，互相协作，互相补充，各尽其长，各尽其用。

② 充分发挥城市对外交通设备的效能。这就需要在规划布局时，尽量满足它们的技术经济要求，做到方便、高速、安全。

③ 尽量减少对城市的干扰。在满足交通运输要求的同时，要充分照顾城市利益，尽量减少对城市环境、卫生和交通方面的干扰，为城市的生产与生活创造便利条件。

④ 保证城市与交通运输密切配合，有计划、按比例地共同发展。在布局上要使城市与各类对外交通都具备发展的可能性，互不影响。

⑤ 尽量利用现有的交通运输设备。特别在旧城改建的过程中要充分发挥现有运输

设备的作用。

3. 铁路在城市中的规划布置

(1) 车站

车站的数量和分布与城市的性质、规模、地形、规划布局形式和铁路运输的性质、流量、方向等特点有关。

一般中小城市的客运站宜设在城市边缘。大城市为使旅客乘车方便、疏散快，则需要深入城市、位于市中心边缘，国外有的城市还将客运线路用高架桥或隧道引入市区。特大城市或因地形限制呈带状分布的城市，为了分散客流，使居民能就近乘车，也可以设两个或两个以上的客运站。客运站要和城市的主要干道连接，能够直接通到市中心及其他联运点（车站、码头等）。为了方便旅客，避免干扰，有的把地铁直接引进客运站或把客运站伸入市中心的地下。

小城市一般设一个综合性货运站即可，大城市则需分设若干个货运站。以运输小宗货物为主的综合货运站可布置在市内适当地段，以运输大宗货物为主的货运站应接近所服务的工业区或仓库区，以中转为主的货运站应靠近列车编组站和水陆联运码头。列车编组站由于占地大、作业和线路复杂，一般要避免在市区。新建大型编组站应避开城市用地的主要发展方向，布置在市区范围以外。

(2) 线路

铁路干线的布置是城市总体规划中一项重要的考虑内容。除需满足铁路本身的运营要求外，还必须结合城市功能分区和城市发展要求进行统一考虑。干线要避开城市发展用地的主要方向，尽可能避免穿越和分割城市，以免造成交通阻隔和噪声干扰。当城市不得不跨越铁路发展时，应在铁路两侧建立相对独立的、生产和生活设施基本平衡的综合区，以减少跨越铁路的交通，并在铁路和城市干道相交处设置立体交叉。

4. 公路在城市中的规划布置

正确选择公路线路和汽车站的位置，安排好对外公路和城市道路的连接以及合理组织公路和铁路、水路联运，是城市内公路运输设施布置的主要任务。

对外公路干线一般不宜穿越城市，最好从城市边缘通过。大城市可将外环路作为过境公路。高速公路线应和城市保持一定距离，以专用入城道路与市区联系。中小城市的长途汽车客运站应设在市中心附近，或在城市边缘与过境公路相连的支线上；大城市的长途客运站应设在市中心附近，并与城市干道和公共交通网相联系。以铁路公路联运或水路公路联运为主的城市长途汽车客运站应分别置于铁路客运站和水路客运站附近。公路汽车货运站和停车场，应与铁路货运站和仓库区相邻，设在城市外围区域。

5. 水路运输及港口的规划布置

水运一般分为内河运输和海港运输两种。港口是最主要的水路运输设施。正确选择港口位置，合理布置港口各项设施，安排好港口同城市工业、仓库和铁路、公路之间的联系，是水路运输规划布置中的主要任务。

选择港口位置时，要考虑港口在技术上的要求（如一定的水深、足够的水域面积和码头岸线、良好的避风条件能够保证作业安排且有一定发展余地的陆域面积及各种工程设施条件等），同时也要考虑城市建设的要求，与城市总体规划布局和城市发展相协调。

要合理安排各类码头和城市用地。货运码头应和工业企业及仓库有方便的联系。港口作业区的布置不妨害城市卫生，不影响工业和居住区的安全。港口布置既要考虑水陆联运条件又要不阻隔城市交通干线，还要考虑合理分配岸线，为居民创造接近水面的游憩条件。

海运客运站和客运区应尽可能布置在接近城市中部的岸线上，河运港口的客运站和客运区可设置在市内沿河地段。所有客运站、客运区都应该和市内交通、铁路和公路的客运站有方便的联系。为城市服务的货运作业区应布置在生活居住区外围，接近仓库区；中转联运作业区应布置在城区范围之外，并与铁路、公路等对外交通有良好的联系。

6. 航空港在城市中的位置

航空港位置的选择要考虑到地形、地貌、工程地质和水文地质、气象条件、噪声干扰、净空限制、城市布局及交通联系等因素。一般情况下，航空港应设在城市沿主导风向的两侧，即机场跑道轴线方向宜与城市市区平行或与城市边缘相切，而不宜通过城市市区。机场的选址还必须考虑到今后的发展，既为空运留有余地，又不致成为城市发展的阻碍。为了节省旅客往返航空港和城市之间的时间，应在满足机场使用技术要求和不对城市产生干扰的前提下，尽量缩短航空港和城市之间的距离。

2.2.3 城市生活居住用地的规划布置

城市生活居住用地是用于安排、布置城市各项生活设施的用地。在城市中，生活居住用地占有重要的地位。它是城市居民基本生活需要的物质环境，是城市用地的基本功能组成部分之一。

在城市总体规划阶段，生活居住用地的规划任务是：正确选择整个城市生活居住用地，使它和城市其他功能部分具有合理的关系；正确确定生活居住用地的组织结构，使生活居住用地内的居住建筑、公共建筑和道路、绿地各组成部分形成有机的联系，并在用地规模上有合适的比例关系。

1. 城市生活居住用地的基本情况介绍

生活居住用地主要是为城市居民生活服务的。它应从功能上全面满足居民家庭生活和社会生活活动的需要。生活居住用地内除住宅外，还应有为其服务的各种公共建筑设施以及与此相关联的辅助设施（市政公用设施、环境卫生设施、医疗救护设施、商业仓库、食品加工厂等）。

城市生活居住用地的构成一般可归纳为五个部分：①居住用地，即居住小区或街坊内用于布置居住建筑、道路、绿化及家务院落的用地；②公共建筑用地，指各种为居民生活所需和城市行政、经济等公共设施的用地；③公共绿地，指居住小区和街坊以外的各种公共绿化用地；④道路广场用地，居住小区和街坊以外的城市各种道路和广场的用地；⑤其他用地，如小型工业或作坊、库房等用地。

依据《城市居住区规划设计标准》（GB 50180—2018），居住区按照居民在合理的步行距离内满足基本生活需求的原则，可分为十五分钟生活圈居住区、十分钟生活圈居住区、五分钟生活圈居住区及居住街坊四级，其分级控制规模应符合的规定见表2.2。

表 2.2 居住区分级控制规模

距离与规模	十五分钟生活圈居住区	十分钟生活圈居住区	五分钟生活圈居住区	居住街坊
步行距离/m	800~1000	500	300	—
居住人口/人	50000~100000	15000~25000	5000~12000	1000~3000
住宅数量/套	17000~32000	5000~8000	1500~4000	300~1000

2. 城市生活用地的分布

(1) 城市生活用地的分布的影响因素

影响城市生活居住用地分布的主要因素有：①工业的性质、规模及其布置，城市工业采取的布置方式（集中式、分散式等）对生活居住用地的分布和组织往往有决定性的影响。②用地状况，主要指用地的自然条件，平原、丘陵和河网地区的生活居住用地分布显然各不相同。③交通运输条件工业和居住区之间是否有便捷的联系，已成为确定用地相互关系的重要依据。④规模是否合理，主要从是否有利于城市经济建设与经营管理，是否有利于城市生活的合理组织和各项生活设施的合理配置而定。

(2) 生活居住用地的分布方式

生活居住用地的分布方式，基本上分集中与分散两种。从形态上来看可归纳为以下几种情况。

① 团状。多数城镇都属于这种形态。随着外围工业的建设，生活居住区由内向外紧凑发展，依托旧城，并利用旧城基础设施。

② 组群状。常见于新建的工矿城市。由于工业布置分散，或是受用地条件限制，形成几块生活居住用地。

③ 星状。多在矿区，随矿点、油井建村，因而形成居民村星罗棋布的局面。散列有居民村环绕着中心村，中心村又环绕着更高一级的居民点，形成分级组织的城市生活居住区。

④ 子母状。即用卫星城的方式来控制大中城市规模、分散居民的布局形态。卫星城和母城之间，要有方便的交通联系。

3. 城市生活居住用地的规划布置的考虑因素

生活居住用地的布置主要应考虑以下方面。

① 合理地选择生活居住用地，并根据规划布置的要求，对所选定用地的自然条件等进行分析，做到地尽其用。

② 妥善地组织生活居住区，要求布置集中紧凑，并按规模大小，考虑生活居住区的组织结构方式，按居民生活的不同要求分级配置各级公共服务设施。

③ 有效而经济地组织交通，特别要组织好各居住地区和工作地点、各级公共中心及对外交通站场之间的交通联系。

④ 注意城市中心位置的选择，城市中心是城市中公共生活最活跃的地段，在具有多级结构的大中城市，各级公共中心的分布应做到合理、均衡。

⑤ 注意环境保护，除了应处理好生活居住区和城市其他功能区（特别是工业区）的相对关系、防治污染外，还要合理组织生活居住区的内部环境和绿化，解决因城市道

路上频繁车辆带来的噪声、烟尘及安全问题、环境卫生问题等。

⑥ 考虑在非常情况下居民的安全需要，如人防工程、防污、防洪、防震等。须从用地组织、地形地物的利用和处理、生活设施的分布标准上进行考虑。

⑦ 注意利用原有的物质基础，在旧城改建扩建时，尽可能利用原有建筑、道路、管线、桥梁等，并对现有的布置格局通过分析加以合理地利用和改造。

⑧ 创造良好的城市建筑艺术空间，要根据总体规划要求组织城市空间，通过建筑造型、绿化布置、小品设计及自然环境布局等手段，创造具有一定景观价值的生活环境。

⑨ 留有适当的发展余地。

4. 生活居住用地的技术经济指标

生活居住用地一般要占城市总用地的一半左右，其大小对城市的规模和城市的建设经济影响很大。生活居住用地各项指标的确定，还直接关系到居民的生活。制定切实的用地指标，将为建设用地的控制、规划方案的编制和规划方案的技术经济比较提供准绳和依据。

生活居住用地指标是居住用地、公共建筑用地、道路广场用地和公共绿地等各个单项指标的总和，以每个居民所占有的用地面积来表示。我国现有城市生活居住用地的状况，一般在 $30\sim40m^2/$ 人。为统一用地标准，国家曾多次颁布了城市生活居住用地的指标与定额。

2.2.4 城市中公共建筑的规划布置

公共建筑是城市管理及居民生活所必需的公用设施，是城市生活机体中不可缺少的成分。

1. 城市公共建筑的分类

根据与居民生活的关系，城市公共建筑可分为和居民生活直接相关的和非直接相关的两大类。前者如粮店、幼儿园，以及五金、家具店等；后者如城市所属的行政管理机构及非地方性的大专院校、电台等。

从使用性质上看，公共建筑可分为：行政、经济管理类（如各级党政机关、社会团体、工商企业、事业单位、银行金融机构等）；通信、广播事业类（如邮政、电报、电话及电视广播等机构）；教育、科研类（如各类学校幼儿园、科研机构）；文化、娱乐类（如剧院、电影院、文化宫、博物馆、青少年活动设施等）；体育、游憩类（如体育馆、游泳馆、各类游憩设施）；医疗卫生类（如各级医院、诊疗所、防疫站等）；商业服务类（如各类商店、旅馆浴室等）；其他类（如消防站、人防设施、车库等）。

从服务范围和居民使用的频率看，可分为：市级，如市党政机关，全市性的商场、剧场、宾馆等；区级或居住区级，如电影院、照相馆等；小区或街坊级（如小菜场、小学、商店等）。

2. 公共建筑的指标

公共建筑指标的确定是城市规划技术经济工作的内容之一，它不仅关系到居民的生活，同时对城市建设和经济也有着一定的影响。

公共建筑指标是按城市规划不同阶段的需要来拟定的。其内容包括两部分：总体规划阶段用作城市用地计算依据的城市总体公共建筑用地指标和城市主要公共建筑的分项用地指标；详细规划阶段用作公共建筑项目布置建筑单体设计、规划地区公共建筑总量计算以及建设管理依据的公共建筑分项用地指标和建筑指标。

3. 公共建筑规划布置的要求

(1) 应具有合理的服务半径

服务半径是检验公共建筑分布是否合理的指标之一，确定服务半径要考虑到居民使用方便的要求和设施自身经营管理的经济性，不同设施有不同的服务半径。同类设施的服务半径随使用频率、服务对象、交通条件及人口密度等因素的不同允许有一定的变动幅度。人口密度较低的地方，服务半径可以定得大一些；反之，就应小一些。

(2) 要分级和配套设置

分级的档次，要根据城市规模和布局特点来考虑，并与城市生活居住用户的组织结构相适应。为居民日常生活所必需的设施，可均匀分散布置；非日常使用的设施，可适当集中，规模和服务半径可大一些。内容要配套，以满足居民日常生活的多种需要。

(3) 要与城市交通组织相协调

公共建筑往往是人流、车流集散点，因而，应根据活动特点和城市交通、道路系统的规划，统一考虑安排。例如，幼儿园、小学应和居住区的步行道路系统相联系，避免车辆干扰；一些吸引大量人流、车流的公共建筑不宜过分集中，以避免造成交通堵塞。

(4) 要考虑公共建筑本身的特点和对环境的要求

如医院要求有一个清洁安静的环境；露天剧场和球场既有自身发出的声响对环境的影响问题，又有防止外界噪声干扰表演和竞技的问题；学校图书馆等单位一般不宜和剧场、游乐场所布置在一起，以免互相干扰。

(5) 要考虑城市景观组织的要求

公共建筑种类多、体量大、造型和立面丰富，又往往占据着城市人流最多、最重要的位置，因而是城市景观的重要组成部分，在城市设计中应给予重点考虑。

4. 城市公共活动中心的规划布置

城市公共活动中心是城市中供居民集中进行社会活动的地方，一般也是城市主要公共建筑集中的地区。城市中心的分级一般是按它的服务范围来确定的，一般有为全市服务的市中心、为城市各区服务的区中心、为居住区或居住小区服务的居住区中心或小区中心等几种类型。一般说的"城市中心"是指为全市服务的市级中心。

市级中心的选址应注意以下几点：①位置适中，交通方便。由于地形等条件限制，"适中"并不一定是几何中心，要将距离条件和交通条件结合起来考虑。②适应城市发展的要求，使城市中心既在近期建设范围内位置适中，在远期发展范围内也能趋于合理。③符合建设的经济要求。如充分考虑城市自然和现状条件，节约用地和投资，尽量利用旧城原有中心等。城市单向发展且发展不大时，中心稍偏于发展方向一侧，使近期、远期中心相统一。城市呈带状发展且发展较大时，在近期范围适中地段建近期公共活动中心，城市发展后再建远期城市公共活动中心，原中心作为副中心或区中心。城市向双向或以同心圆形式发展时，近、远期中心位置一致，但规划上要考虑留有余地、分期建设问题。

公共活动中心的布置形式可归纳为以下几种：广场式，即在广场四周布置大型公共建筑的形式，采用这一形式时，应避免城市车流穿越广场；街坊式，即利用一个街坊成片集中布置公共建筑，可根据各类公共建筑的功能要求和行业特点，采取层级结合、分块布置的方式；沿街式，即沿街布置公共建筑的方式，这是我国小城市公共活动中心常见的一种形式，但容易造成人、车交通混杂现象。

公共活动中心既要有良好的交通条件，又要避免交通拥挤、人车干扰，故需进行交通组织。公共建筑应按人流集散量的大小、与交通联系的密切程度进行合理分布。大中城市中心区交通过于频繁、影响其功能使用时，可在中心区外建交通环路，以避免外来车辆穿越中心地区。在国外，为了分散市中心地区的交通压力，适应新区发展的需要，一些特大城市还采用了在新区建设新的副中心或辅助中心的做法。

2.3 城市总体布局

2.3.1 城市总体布局的内涵和内容

1. 城市总体布局的内涵

城市总体布局是城市的社会、经济、环境及工程技术与建筑空间组合的综合反映。城市总体布局是通过城市主要用地组成的不同形态表现出来的。城市的历史演变和现状存在的问题、自然和技术经济条件的分析、城市中各种生产和生活活动规律的研究（包括各项用地的功能组织）、市政工程设施的配置及城市艺术风貌的探求，都要涉及城市的总体布局，而对这些问题研究的结果，最后又都要体现在城市的总体布局中。

城市总体布局是城市总体规划的主要内容，作为一项为城市长远合理发展奠定基础的全局性工作，在城市发展纲要基本明确的条件下，在城市用地评价的基础上，对城市各组成部分进行统筹兼顾、合理安排，实现空间组织的整体优化与有机协同。

城市总体布局要力求科学、合理，并切实掌握城市建设发展过程中需要解决的实际问题，按照城市建设发展的客观规律，对城市发展做出足够的预见。它既要为城市远期发展做出全盘考虑，又要合理地安排近期各项建设项目。科学合理的城市总体布局将会促进城市建设的有序性和提高城市经营管理的经济性。

城市总体布局是城市在一定的历史时期，社会、经济、环境综合发展而形成的。通过城市建设的实践，得到检验，发现问题，修改完善，充实提高。随着社会经济的发展、人们生活质量水平的提高及科学技术的进步，规划布局也是不断发展的。例如，社会改革和政策实施的积极作用，科学技术发展及城市产业结构的调整，交通运输的改进与提高，新资源的发现与利用，能源结构的改变与完善等因素，都会对城市未来的布局产生实质性的影响。

在城市性质和规模大致确定的情况下，先选定城市用地发展方向，也就是城市建成区今后拓展的主要方向，再进一步确定城市总体布局形态，对城市各组成部分进行统筹安排，使其空间结构合理、布局有序、联系密切。

城市总体布局包含两层意思：一是从区域范围研究城市布局，即城镇体系布局；二是从一个城市内部研究各功能区的关系和空间布局。城市总体布局就是综合考虑城市各组成要素，如工业用地、居住用地及对外交通运输用地等，并进行统筹安排。城市用地的组织结构是总体布局的"战略纲领",它明确城市用地的发展方向和范围,确定城市用地的功能组织和用地的布局形式,同时探索城市建筑艺术。随着生产力的发展,科学技术不断进步,规划布局所表现的形式也在不断发展。

2. 城市总体布局的内容

城市总体布局具体内容包括:①合理布置工业用地,形成城市工业区;②根据城市居民的不同需求布置城市居住用地,形成居住区;③配合城市各功能要素,组织城市绿化系统;④按居民工作、居住、游憩等活动的特点,建立各级休憩与游乐场所,组织公共建筑,形成城市公共活动中心体系;⑤按交通性质和车行速度,划分城市道路类别,形成城市道路交通体系。

城市总体布局不是单一的城市用地的功能组织,而是整个城市空间的合理部署和有机组合。因此,城市用地的选择,城市的规模、形态、产业结构、功能布局等也都是城市总体布局的基础和需要综合协调的内容。

2.3.2 城市用地的功能组织

城市用地的功能组织是城市总体布局的核心问题。按照传统的概念,城市活动可概括为工作、居住、交通和休息四个方面。为了满足这四方面活动的需要,就需要有不同功能的用地,这些用地之间有联系,有依赖,也互相干扰。因此要根据各类用地的功能要求以及相互之间的关系,加以组织,形成一个协调的整体。

1. 城市用地功能组织的原则

城市用地功能组织的原则主要有以下四方面,如图 2.1 所示。

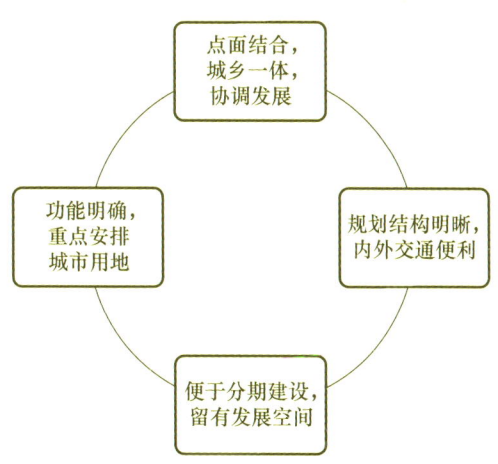

图 2.1 城市用地功能组织的原则

(1) 点面结合,城乡一体,协调发展

要将城市与周围受影响的地区作为一个整体来考虑。如果把城市作为一个点,而以所在地区或更大的范围作为一个面,就要做到点、面结合。要分析研究城市在地区国民经济发展中的地位和作用,以明确城市发展的任务和可能的趋向,作为规划的依据。要研究地区工农业生产、交通运输、矿藏、水利资源利用等对城市布局的影响,使城市用地布局和功能组织合理。例如,江苏省南通市是我国著名的棉纺织工业城市,是在它周围的农村经济作物——棉花产区的基础上发展起来的；又如，湖北省荆州市主要是由防洪的荆江大堤、两沙运河及西干渠构成的狭长带形城市。

（2）功能明确，重点安排城市用地

工业生产是现阶段城市发展的主要因素，工业布局直接影响城市功能结构的合理性。因此，要合理布置工业用地，综合考虑工业与生活居住、交通运输、公共绿地之间的关系。另外，就组织交通而言，工业区与居住区的具体布置中还应注意用地的长边相接，以扩大步行上下班的范围。沿着对外交通干道布置工厂，是城市边缘地段经常见到的，在布置中要合理组织工厂出入门和厂外通路交叉，避免过多地干扰对外交通。此外，要为组织生产协作、合理利用资源、物资流通、节约能源、降低成本等创造条件；要考虑为居民创造安宁、清洁、优美的生活环境。交通枢纽城市，首先应选择和布置好交通枢纽用地；风景旅游城市则应首先考虑风景游览用地的选择和合理布局。

（3）规划结构明晰，内外交通便利

规划时要做到城市各主要用地功能明确，各用地之间关系协调，交通联系方便、安全。城市各组成部分力求完整，避免穿插，尽可能利用各种有利的自然地形、交通干道、河流等合理划分各区，并便于各区的内部组织。例如，安徽省合肥市，因地制宜地制定了城市用地的功能分区，逐步形成以经过改造的原有城市为中心，沿几条主要的对外公路向东北、西南三个方向放射发展的布局就比较合理。需要注意的是，市中心区是城市总体布局的心脏，它是构成城市特点中最活跃的因素，其功能布局和空间处理是否合理，不仅影响到市中心区本身，还关系到城市的全局。必须反对形式主义倾向，避免将不必要的交通吸引到市中心。

（4）便于分期建设，留有发展空间

城市建设是一个连续的过程，城市新区的发展，旧区的改造、更新，整个城市功能的完善、提高，是不可断的、渐进的。因此，在研究城市用地功能组织时，要合理确定第一期建设方案，考虑近远期结合，做到近期现实、远景合理，项目用地应力求紧凑、合理。城市建设各阶段要互相衔接、配合协调。例如，湖北省宜昌市，为了使葛洲坝水利枢纽工程的设计施工组织与城市的近期建设计划相统一，采取了城市道路系统与施工道路相结合、暂设工程与长久性建筑相结合、施工取土与开拓城市用地相结合等措施，各阶段的建设配合协调，做到大坝建成，城市形成。此外，规划布局中某些合理的设想，若目前或暂时实施有困难，就要留有发展余地，并通过日常用地管理严格控制，待到时机成熟再实施。

2. 用地功能组织的规划结构

按功能要求将城市中各种物质要素，如工厂、住宅、仓库等进行分区布置，组成一个互相联系、布局合理的有机整体，以减少总的出行量和平均出行距离，为城市的各项活动创造良好的环境。要保证城市各项活动的正常运行，必须把各功能区的位置安排得当，既保持相互联系，又避免相互干扰，其中最主要的是要处理好工业区和居住区之间的关系。

城市用地组织应根据城市的合理规模和切合实际的用地指标，确定城市各项用地的数量，并研究这些用地在总体布局方面的具体要求，在此基础上进行城市用地的组织，形成某种规划结构，这当中要注意以下十个方面的内容。

（1）工业区应该和居住区有方便的交通运输联系，货运量大的工业区与铁路和港口之间的布局关系，要从交通运输考虑，用铁路支线把它们联系起来。

(2) 商业批发仓库、供应仓库、市场等可以布置在居住区，为工业、企业服务的材料、成品仓库应布置在工业区内，仓库必须有方便的对外交通联系。

(3) 水运和铁路运输用地必须保证居住区与铁路车站和码头等有方便的交通联系，但不允许铁路路线与居住区用地有过多的交叉，以防止被铁路分割。

(4) 对环境有污染和危害的仓库、堆场应与居住区隔离开来，布置在城市边缘的下风向和河流的下游地带；把居住区布置在工业区上风向和河流的上游，并有卫生防护区，使规划符合基本的卫生要求。

(5) 噪声大的工厂、铁路列车编组站、飞机场等应尽量远离居住区。

(6) 在各个城市建设中，有各种各样城市主要功能区的布置方式，这些功能区是受城市的规模和城市的国民经济特征所制约的。

(7) 为了使劳动和居住的地点更紧密地结合起来，可以建立混合式的生产—居住区（布置不排放有害物质的，每昼夜货运量不超过 10 个标准车厢的科研院所、高等院校、综合性的企业及其他劳动就业点）。也可以建立其他整体化规划结构的组织形式，如有些发达国家在城市布局中发展起来的多功能的综合区，用高效能的交通联系起来。总之，目前正在从功能纯化的低密度城市向功能混合的较高密度的城市方向发展。

(8) 在大城市和特大城市中，被人工界线（公路、铁路等）和天然界线（水面、山丘、洼地、大片绿地）划分开的用地，可以被看作若干个城市规划区。规划区的规模、功能组成及形状，在每一种具体情况下，都是由与城市建设的具体情况相适应的城市总平面图所决定的。

(9) 城市的规划分区和规划结构要同时考虑，并与建立城市交通干道系统及公共中心系统结合起来。目前，城市正由单中心向多中心城市空间结构转变，并取得了一定实效。

(10) 在布置城市各个功能区时，要注意用地的建设质量，以确保不会影响整体功能的发挥。

2.3.3 城市布局的影响因素及类型

城市布局形式指城市建成区的平面形状以及内部功能结构和道路系统的结构和形状。城市布局形式是在历史发展过程中形成的，或为自然发展的结果，或为有规划建设的结果，这两者往往是交替起作用的。影响城市布局的因素时刻在发展变化，城市布局的形态也会不断地发展变化，因此，研究城市布局形式及其利弊，对制定城市总体规划有指导意义。

1. 城市布局的影响因素

城市布局受到众多因素的影响，有直接因素的影响，也有间接因素的影响。对一个城市而言，往往是多种因素共同作用的结果。

(1) 直接的影响因素

① 经济因素：主要指建设项目，如工业基地、水利枢纽、交通枢纽、科学研究中心等的分布和各种项目的不同技术经济要求；资源情况，如矿产、森林、农业、风景资源等条件和分布特点；建设条件，如能源、水源和交通运输条件等。

② 地理环境：如地形、地貌、地质、水文、气象等。

③ 城镇现状：如人口规模、用地范围等。

（2）间接的影响因素

① 历史因素：城市在长期的历史发展过程中，从城市核心的形成开始，经过自然的发展和有规划的建设，各个时期呈现不同的形式。

② 社会因素：包括社会制度和社会不同阶层、集团的利益、意志、权力等，都对城市的选址、发展方向、规划思想和城市布局结构有着十分重要的影响。

③ 科学技术因素：现代工业的产生使城市的布局形式发生变化。钢铁工业城市要求工业区和居住区平行布置；化学工业城市要求工业区同居住区之间有一定的隔离地带；现代先进的交通运输工具和通信技术的问世，使大城市的有机疏散、分片集中的规划布局形式成为可能。

2. 城市布局的主要类型

城市布局主要有以下类型，如图 2.2 所示。

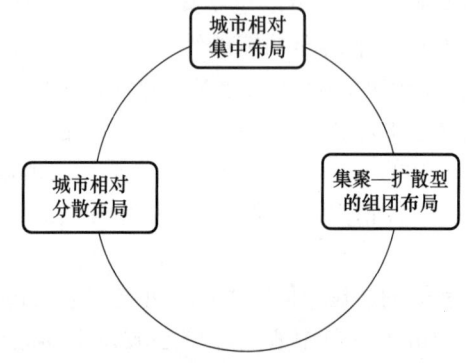

图 2.2　城市布局的主要类型

（1）城市相对集中布局

相对集中布局的城镇，是在用地和其他条件允许、符合环境保护要求的情况下，将城镇各组成要素集中紧凑，连片布置，使建成区相连或基本相连。这种布局形态优点是便于集中设置较为完善的市政、公共设施，建设和管理比较经济、生产和生活比较方便；缺点是工业区和居住区距离较近、绿地较少，环境不易达到较高标准。一般二三十万人口的中小城市、县城、建制镇镇区可采用这种布局形态。但随着城市规模的不断扩大，建成区面积超过 $50km^2$，居住人口超过 50 万人，容易形成"摊大饼"形态，这样将导致城市环境恶化，居住质量下降。在城市规划中应注意改变这种已经变得不合理的布局形态。相对集中布局一般可分为以下几种形态，如图 2.3 所示。

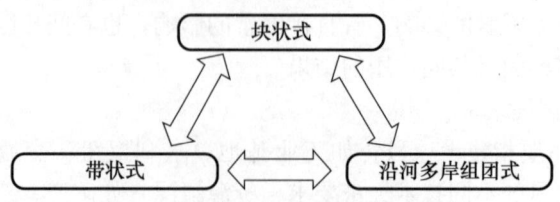

图 2.3　城市相对集中布局形态

① 块状式。块状式又称饼状式，建成区的基本形态为一个地块，形状有圆形、椭圆形、正方形、长方形等，中间没有绿带隔离，或只有小河把街坊分开。我国地处平原的城市大多为这种布局形式，该布局形式便于集中设置市政设施，合理利用土地，便捷交通，容易满足居民的生产、生活和游憩等需要。直到目前，北京、沈阳、长春、西安、石家庄、济南、成都、郑州这些特大城市仍基本保持这种形态。建成区面积较大的块状城市往往形成"摊大饼"形态，城市交通、环境等方面的弊端已严重制约城市发展，影响市民生活。规划应控制这种"饼状"的继续膨胀，通过建设新城区或卫星城镇等措施来分担城市部分职能，疏散城区过密人口，改善城市布局形态。

② 带状式。带状式布局形式是受自然条件或交通干线的影响而形成的。有的沿着江河或海岸的一侧或两岸绵延，有的沿着狭长的山谷发展，还有的沿着陆上交通干线延伸这类城市平面结构和交通流向的方向性较强，纵向交通组织困难，常有过境交通穿越，如兰州、沙市、洛阳、丹东、青岛、常州、宜昌等。

③ 沿河多岸组团式。由于自然条件等因素的影响，城市用地被分隔为几块。结合地形把功能和性质相近的部门相对集中，分块布置，每块都有居住区和生活服务设施，相对独立（称组团），组团之间保持一定的距离，并有便捷的联系，生态环境较好，并可获得较高的效益。武汉、重庆、韶关、宜宾、泸州等就是这种布局形态。武汉被长江和汉水分割成汉口、武昌、汉阳三部分，号称武汉三镇。重庆也被长江和嘉陵江分成中心城区、江北、南岸三部分。

(2) 相对分散布局

相对分散布局是因地形、矿产资源、历史等原因，建成区比较分散，每块建成区规模大小不一，彼此距离较远，由交通线保持联系。这种布局形态缺点是使建成区之间联系不如相对集中布局那么方便，城市道路、供水、排水、供电、通信、供气等基础设施投资可能增加，管理难度增大；优点是有利于形成良好的生态环境，减少人口居住密度，也有利于更合理地利用土地。相对分散布局的城市形态多样，主要有姐妹城式、主辅城式、一城多点式、点条式和掌状式等。

① 姐妹城式。城市建成区由大小差不多的双城组成，故也称"双城式"。两城共同承担主城区的功能，但有所分工，如银川、包头。银川市由旧城区和新城区双城组成，旧城为行政中心，新城为经济中心，由两条主干道相联系。包头市也是由旧城（东城区）和新城（青山区、昆都仑区）组成，新城是中华人民共和国成立后配合包钢建设逐渐形成的新城区。银川和包头的新城区都是为了适应经济发展、大型工业建设形成的，与旧城保持一定距离，有合理分工，规划仍保持这种双城结构。

② 主辅城式。城市建成区由主城区和1个或2个辅城组成。主城为城市中心所在，规模较大，为城市主体。辅城与主城保持一定距离（十几千米至几十千米），多为港口城或新的大工业区，作为主城的卫星城，居住人口较主城少。连云港市、福州市是典型的主辅城结构。连云港市主城为新浦、海州组成的原区，辅城为港口区。福州市的主城为原城区（包括南岛），辅城为马尾港区，是建港时形成的新城区。秦皇岛市是一主二辅结构，主城为秦皇岛港所在的海港区，辅城为山海关区和北戴河区。宁波市也是一主二辅结构，原城区为主城，北仑区和镇海区为辅城。

③ 一城多点式。这种城市的建成区由多个城市组团组成，中心区不够突出，各组

团（镇）规模相当，这是因为这些城市由相邻数镇联合发展起来，如山东省淄博市是由张店淄川、博山、临淄（辛店）、周村五镇组成的一个大城市。不少工矿城市是由若干个矿区组成的多点式结构。石油城大庆市建成区散布在萨尔图、龙凤、卧里屯、让胡路、乘风庄等十几个矿区，这是由于油井分布而形成的特殊布局形态。市中心萨尔图规模不大，中心地位不突出，大庆市规划将强化市中心区的地位，更好地发挥中心城区作用。

④ 点条式。有的山地城市因受地形限制，只好沿河谷发展，在地形较开阔处建设城区、工矿区、居民区，往往形成绵延数十千米，形似长藤丝瓜的点条式城市形态。这些城市建设过程中大多受到当时三线建设的"山、散、洞"布局思想的影响，造成城市布局过于分散，给生产、生活造成诸多不便。规划应根据当地的具体条件，把生产、生活区适当集中，加强配套，并控制人口规模。地处大西南金沙江畔的"钢城"攀枝花市、鄂西北山区的"汽车城"十堰市都是这类布局形态的代表。

⑤ 掌状式。部分山地工矿城市因受到地形和矿产资源分布的影响，建成区沿河谷发展，结合矿井布置，沿几条河谷形成长条状工矿区，酷似手掌。山西省的煤矿城市古交便是典型的掌状式结构，城市沿汾河上游5条河谷伸展，既利用河谷地形，又与矿井分布一致，不过这种布局形态对城市内部道路交通组织布局比较困难。

(3) 集聚—扩散型的组团布局

如何确定一个城市布局形态，如何对现状布局形态进行改造，应根据每个城市的条件、特点而定。现代城市规划一般宜采用集聚与扩散相结合的组团布局形态，这种城市布局形态采取适当集聚、合理扩散、加强配套、弹性发展的手法，根据不同城市性质、规模、现状特点、用地条件，把城市划分成若干个大组团，每个大组团再细分成小组团。各组团规模适中，社会服务设施自行配套，中心城组团规模较大。大的城市也可采用双中心结构，甚至三中心结构。各组团之间可利用天然水面、山体保持距离，或建立绿化隔离带，这样既可保持良好的生态环境，又富有弹性和发展余地。中心城以外可规划若干个有一定规模、设施配套的卫星城镇，以分流中心城的过密人口，转移部分产业。

3 城市更新背景下的城市交通与道路系统规划

3.1 城市交通系统与城市发展

3.1.1 城市交通基本特征

道路是城市的骨架，由包括对外公路及各种街道组成。道路不仅是完成城市客流、货流的空间载体，更对城市空间结构、土地使用、建筑布局、管线走廊、防灾减灾等有重要的作用。

城市交通的特征因各城市的规模、性质、结构、地理位置和政治经济地位的差异而有所不同，但是它们的主要特征是相同的，主要有以下几点。

（1）城市交通的周期性特征

就一个工作日而言，居民出行的时间分布并不是均匀的，上下班时间会出现高峰，反映在城市道路上的车流量及公共交通客运量等方面。一般而言，早高峰出现在7时至9时，晚高峰出现在17时至19时，道路车流量、公交客运量在昼夜分布上呈现马鞍形特征，如图3.1所示。早晚高峰具体在不同的城市、不同的路段会有差别。就一周而言，工作日的客货运交通特征与周末不同，工作日具有典型的上下班高峰特征，且呈现出周而复始的规律。

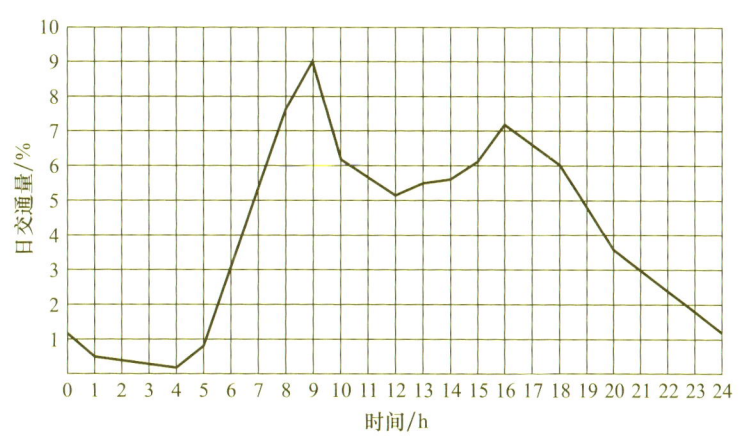

图 3.1 道路车流量、公交客运量昼夜分布的特征

（2）城市交通的多样化特征

城市交通早期形式单一，以步行、骑行、马车等为主。工业革命以来，随着火车、汽车、轮船等的出现，城市交通形式日趋繁多。时至今日，城市对外交通包括航空、铁

路、公路、水运等，需要建设机场、车站及港口码头；同时，城市客运交通包括各种轨道交通（地铁、轻轨、现代有轨电车等）、公共汽车与无轨电车、出租汽车（包括网约车）、私人汽车、摩托车，以及自行车（包括共享单车）、步行等具体形式。各种客运货运交通共存于城市，需配套建设轨道线路及场站、城市道路及停车场等基础设施，并实现整体统筹协调运作。

(3) 城市交通的差异性特征

平原城市与山地城市的交通特征不同，前者自行车数量较多，而后者因地形条件限制，自行车数量较少，居民出行依靠步行与公共交通的比例较高，有的山地城市甚至有缆车、索道等运载工具。不同城市发展阶段，城市交通特征有较大差异：发达国家城市人均拥有的小汽车数量多，经过较长时期的发展，道路系统与机动车的关系较为协调；而发展中国家城市人均机动车数量较低，中国近年来私人汽车发展迅速，政府也加大了道路建设的速度，但交通拥堵依然是发展中国家城市普遍存在的问题，预计随着道路交通的完善会逐步改善，大城市与小城市的交通特征有显著差别，大城市客货运交通复杂，客运交通、城市旧区停车是目前需要解决的主要问题，小城市、小城镇需要重点解决过境交通与城市发展的矛盾。

3.1.2 当前城市交通问题及原因

1. 存在的问题

当前城市交通问题主要表现为交通拥堵、车速降低、停车难等方面。

(1) 交通拥堵

交通拥堵主要出现在一些路段及交通节点，重要原因是在特定时间段车流量超过道路的通行能力。目前我国的高峰时期交通拥堵情况，已经从特大城市、大城市向中等城市甚至小城市蔓延。

(2) 车速降低

机动车车速降低源于车流量大导致的交通拥堵，以及道路网络不完善、车道宽度不足及交叉口通行能力低等。一些大城市高峰时期车辆平均车速只有 20～30km/h。

(3) 停车难

私人轿车数量快速增长，而城市中心区、副中心区及老旧小区的停车位严重不足，造成停车难。

2. 问题原因分析

(1) 机动车交通需求过大，供需不平衡

长期以来，中国一直是全球汽车产销量第一大国，每年汽车产销量均在 2000 万辆以上；2020 年年底，中国汽车保有量达到 2.81 亿辆，是 2010 年汽车拥有量的 2.8 倍，年均增长率达到 10% 以上。与此同时，各地城市发展迅速，道路建设速度加快，道路面积、道路长度增长很快，但与汽车增长速度相比，道路发展速度相对滞后，包括车均道路长度、车均道路面积指标等。自 1994 年起，国内先后已有上海、北京、广州、杭州等城市实行机动车限购政策，有效地抑制了汽车的快速增长，同时，许多城市采用各种汽车限行措施，力图缓解机动车快速增长所带来的供需矛盾。

(2) 道路系统不完善，道路等级不合理

前者表现为过境公路与城市内部道路混杂、客运道路与货运道路混杂，缺少骨架道路或骨架道路不完善，导致不同车种、不同车速的车辆混合行驶，影响交通的运行；同时一些城市缺少慢行交通需要的道路支撑，在一些城市重要道路节点交通转换不畅，也是道路系统不完善的体现。后者表现为路网中主干路、次干路、支路的级配不合理，以及路网密度不足、道路宽而稀等，其主要问题表现为支路缺失，路网密度低及宽马路形成大街区，导致居民出行不便，降低了步行、自行车和公交车的竞争力。

(3) 道路低效利用

路网规划建设的目的在于交通的高效运行，其实质是有效降低人流与物流空间转移的成本（包括时间、能源、空间消耗）。道路低效利用的表现为：①道路网络中的快速路、主干路不能有效发挥快速交通及骨干交通作用，如常态化堵车、平均车速远低于设计速度等；②道路网络中的次干路、支路因道路间距过大、密度较低，不能有效发挥集散交通以及服务道路沿线地块与建筑的作用。

3.1.3 城市交通发展趋势

(1) 机动车的发展趋势

中国城市机动车交通发展迅速，交通机动化程度大大提高。随着城镇化水平的提升，城市居民收入不断提高，城市机动车数量会持续增长。当一些城市机动车数量达到一定规模后，会采取限购、限行等措施控制机动车数量的增长。

(2) 城市轨道交通的发展趋势

中国自 20 世纪 70 年代开通地铁以来，轨道交通从无到有，尤其是近 10 年发展很快，目前是世界上拥有轨道线路最长的国家。交通运输部速报数据显示：2024 年全国城市轨道交通实际开行列车 4085 万列次，完成客运量 322.4 亿人次、全年客运量较 2023 年增加 28 亿人次，增长 9.5%。2024 年，全国新增城市轨道交通运营线路 18 条，新增运营区段 27 段，新增运营里程 748km。截至 2024 年年底，全国共有 54 个城市开通运营城市轨道交通线路 325 条，运营里程 10945.6km，车站 6324 座。但轨道交通建设需要具备足够的客流量支撑。

(3) 新能源汽车的发展趋势

新能源汽车包括纯电动车、燃料电池电动车、氢动力车、混合动力车等，具有污染低的特点，是未来城市交通工具的发展方向。政府应统筹规划及建设充电桩等配套设施。

(4) 自行车与步行交通方式的发展趋势

自行车与步行交通方式具有节约能源、低碳环保的特点。许多城市建设了以专用自行车道及步道为主的慢行交通网络。

(5) 道路品质提升的发展趋势

2020 年 10 月《中共中央关于制定国民经济和社会发展第十四个五年规划和二〇三五年远景目标的建议》文件中，"实施城市更新行动"首次写入我国五年规划，"十四五"时期以及未来一段时间，城市更新的重要性提到了前所未有的高度，相关政策也进入密集出台期。依据江苏省城市交通规划研究中心的公开数据，2021 年道路交通设施用地占城市建设用地比例的15%～25%，是规模最大、承载户外活动最多的城市公共空间，是城市更新工作的重要目标空间。在新的发展时期，居民的需求在升级、审美在升级，道路不再仅仅是单一的交通通道，还承载着交往、休闲等多元功能，亟待对品质进行提升改造。道路品质升级不是简单地铺装一层沥青混凝土的工程，而是要增进沿线活力、提升空间魅力，诸如伦敦、巴黎、香港等活力城市无不具有和谐、宜人的街道。

（6）交通智能化的发展趋势

交通智能化具有广阔的应用前景，如轨道交通的运营管理、汽车导航、交通引导等。智能交通系统（Intelligent Transportation System，ITS）是未来交通系统的发展方向。它将先进的信息技术、数据通信传输技术、电子传感技术、控制技术及计算机技术等有效地运用于整个地面交通管理系统，能全方位发挥作用，可实时、准确、高效地进行调度。

3.2 城市道路系统规划

3.2.1 城市道路网规划

1. 城市道路网规划指标

（1）道路网密度

① 概念。城市道路网密度是衡量道路设施数量的一个基本指标，指单位城市用地面积内的平均道路总长。城市道路网的密度越高，总的容量和服务能力就越大，路网建设的投资也越大。因此，路网密度应与所在区域经济发展水平和交通需求相适应，并且其规划应具有一定的超前性。

2021年，《住房和城乡建设部关于开展2021年城市体检工作的通知》（建科函〔2021〕44号）提出推动建设没有"城市病"的城市，道路网密度作为其中一个体检指标，要求市辖区组团内每平方千米道路长度不宜小于8km，即城市道路网密度不小于$8km/km^2$。

② 规划模式。《城市综合交通体系规划标准》（GB/T 51328—2018）中要求贯彻"小街区密路网"和街区开放。道路系统规划中要尽量满足交通出行路线组织的多样性、距离最短和道路网络容量的最大化，并为城市交通组织提供尽可能多的选择，道路系统要按照不同地区城市活动的特征落实"小街区、窄马路、密路网"的理念，特别是在人口与就业密集的城市中心。

鉴于传统的"稀路网、大街区"模式，造成小汽车更多地集中在城市主干路，加剧城市交通拥堵，并产生土地资源浪费、城市空间不够宜人、城市景观单调等诸多问题。在城市更新的背景下，国内部分城市道路交通规划采用"窄路密网"模式。

"窄路密网"是指"小街区、密路网"道路规划模式，定义主要包括高密度路网和小街区生活气息这两个方面的内容。在高密度路网方面，全面推广街区制，树立"窄马路、密路网"的城市道路布局理念，形成高密度路网，提高道路通达性，中心城区道路系统的密度不宜小于$8km/km^2$，密路网以支路系统为主，兼有部分次干路。在交通方式上，倡导机动车交通与慢行交通的有机结合，提升交通的灵活性。在小街区生活气息方面，缩小街道宽度和尺度、改善街道界面，塑造尺度宜人、富有活力的街道，加强慢行系统建设，并与街道的生活氛围的塑造相结合。

"窄路密网"模式的优势在于：城市路网密度较大，道路间距一般不超过200m，路网较为均质，宽度较窄，街区尺度较小，街区面积较小；在经济效益方面，有利于促进城市土地高效利用、提高土地利用效率和效益，繁荣城市商贸服务，保障公共财政的可持续能力；在社会效益方面，有利于构建更多尺度宜人、开放包容、邻里和谐的生活街区，提高城市活力、品质和民众互动交流的机会；在交通效益方面，较高的路网密度给交通组织和出行提供更多选择，有利于交通流均衡分布、打造连续舒适的慢行交通系统、增加公交的覆盖率等。

（2）道路面积率

道路面积率是指城市道路用地面积占城市建设用地面积的比例。道路面积率为城市道路宽度与密度的综合指标，是城市道路网规划的一个重要技术指标。我国城市的道路与交通设施用地面积一般应占城市建设用地面积的10%～25%。

发达国家的城市交通已经经历了机动化发展的过程，其道路面积率普遍很高。发达国家在经济发展历程中，为提高城市土地的利用价值，往往通过增加道路网密度来增加临街商铺面积，使得道路间距很小，城市街道网形成的用地单元仅适宜布置单体建筑，这与我国城市多机关、部队、学校、医院等大院用地的情况有着较大区别。

目前，我国大中城市的道路面积率普遍偏低。道路面积率的确定是百年大计，一经确定就很难大幅度改变。高道路面积率有利于改善城市交通状况，但过高的道路面积率不利于城市景观建设。当道路面积率超过20%时，若路网密度合理，城市可避免建设高架路、立交等大型工程，通过平交路口管理即可使城市交通运转处于较合理水平。

（3）道路网等级结构

城市道路网等级结构是指城市道路网中，各类城市道路长度的比例。城市道路网系统必须是一个有机协调的系统，必须具有合理的等级结构，以保证城市道路交通流由低一级道路向高一级道路有序汇集，并由高一级道路向低一级道路有序疏散。各类道路应各司其职，有机结合，实现道路功能结构与等级结构的协调统一。

国外城市的干路网密度指标大致处于同一水平，干路网密度为2.5～3.5km/km^2。国外城市的支路网密度指标也处于同一水平，支路长度约占道路总长度的80%。

从快速路到支路，道路网密度应随道路等级的下降而提高，其级配应当为正金字塔形。而我国大中城市路网结构却为"倒三角""纺锤"形，普遍缺乏支路和次干路，支路严重不足，离国家相关规范要求相差甚远。

我国城市道路网规划应重点提高支路及次干路的路网密度，大城市规划道路网的级配结构，即快速路、主干路、次干路、支路的长度比宜为1∶2∶3∶6。

2. 城市道路网布局规划

城市道路系统应保障城市正常经济社会活动所需的步行、非机动车和机动车交通的安全、便捷与高效运行。承担城市通勤交通功能的公路应纳入城市道路系统进行统一规划。中心城区内道路网的密度不宜小于8km/km^2。

(1) 道路网布局原则

城市道路网布局应符合以下原则。

① 城市道路网布局应综合考虑城市空间布局的发展与控制要求、开发密度、用地性质、客货交通流量和流向、对外交通等，结合既有道路系统布局特征，以及地形、地物、河流走向和气候环境等因地制宜确定。

② 城市道路经过历史城区、历史文化街区、地下文物埋藏区和风景名胜区时，必须符合相关规划的保护要求；城市建成区的道路网改造时，必须兼顾历史文化、地方特色和原有路网形成的历史，对有历史文化价值的街道应予以保护。

③ 干线道路系统应相互连通，集散道路与支线道路布局应符合不同功能地区的城市活动特征。

④ 道路交叉口的相交道路不宜超过4条。

⑤ 城市中心区的道路网络规划应符合以下规定：a. 中心区的道路网络应主要承担中心区内的城市活动，并宜以Ⅲ级主干路、次干路和支路为主；b. 城市Ⅱ级主干路及以上等级干线道路不宜穿越城市中心区。

⑥ 城市规划环路时，应符合以下规定：a. 规划人口规模100万人及以上的城市外围可布局外环路，宜以一级快速路或高速公路为主，为城市过境交通提供绕行服务；b. 历史城区外围、规划人口规模100万人及以上城市的中心区外围，可根据城市形态布局规划环路，分流中心区的穿越交通；c. 环路建设标准不应低于环路内最高等级道路的标准，并应与放射性道路衔接良好。

⑦ 规划人口规模100万人及以上的城市主要对外方向应有2条以上城市干线道路，其他对外方向宜有2条城市干线道路；分散布局的城市，各相邻片区、组团之间宜有2条以上城市干线道路。

⑧ 带形城市应确保城市长轴方向的干线道路贯通，且不宜少于2条，道路等级不宜低于Ⅱ级主干路。

⑨ 水网与山地城市道路网络规划应符合规定：a. 道路宜平行或垂直于河道布置；b. 滨水道路应保证沿线人行道、非机动车道的连续；c. 跨越通航河道的桥梁，应满足桥下通航净空要求；d. 山隧道布局应符合城市的空间布局和交通需求特征，集约使用，布局宜符合相应规定；e. 人行道、机动车道可采用不同标高。

⑩ 道路系统走向应满足城市道路的功能，以及通风和日照要求。

⑪ 道路选线应避开泥石流、滑坡、崩塌、地面沉降、塌陷、地震断裂活动带等自然灾害易发区；当不能避开时，必须在科学论证的基础上提出工程和管理措施，保证道路的安全运行。

(2) 道路网布局形式

根据国内外城市发展的实践经验，城市干路网的平面几何图式可以归纳为方格网式、环形放射式、自由式、混合式、组团式五种。前三种为基本类型，混合式是由几种基本图式综合形成的系统，组团式是由多中心的道路网系统组合而成，每个中心的道路网图式可以是前四种图式中的任何一种。

① 方格网式道路网。方格网式又称棋盘式，是最常见的道路网类型，适用于地形平坦的城市。按此图式，在城区相隔一定距离，分别设置同向平行和异向垂直的交通干

路，在主干路之间再布置次干路，从而形成整齐的方格形街坊。

这种图式的优点为：交通组织简单，整个道路系统的通行能力较强；由于平行的道路有多条交通，较为分散、灵活，大多数出行者有较多的可选路径，当某条道路受阻或施工时，车辆可绕道行驶；有利于建筑物的布置和方向的识别。

这种图式的缺点为：对角线方向交通不便，在交通流量大的方向，如果增加对角线道路，则可保证重要节点之间有便捷的联系，但因此形成的三角形街坊和复杂的多路交叉口，不利于交叉口的交通组织，故一般城市中不宜多设对角线道路。方格网式道路系统不宜机械划分方格网，应结合地形与分区布局进行。例如：应注意与河流的夹角，不宜建造过多的斜桥；新规划的方格道路网与原有道路网形成夹角时，应减少或避免形成K形交叉口。方格网式干路间距宜为800~1200m，由此划分成"分区"，分区内再布置生活性道路或次要道路。

在我国历代城市道路网布局中，方格网式道路网体现的是"皇权至上"的城市规划思想。在现实生活中，历史遗留的路幅狭窄、密度较大的方格网式道路网，不能适应现代城市交通的要求，但可以考虑组织单向交通，以提高道路通行能力。纽约市中心区的道路网是典型的方格网式道路网，单向交通街道占80%。

② 环形放射式道路网。环形放射式道路网由环形干路和放射干路组成，通常由旧城中心区逐渐向外发展，向四周引出放射道，而内环路则沿着拆除的城墙要塞旧址形成。随着社会的发展，城市逐渐形成了由中环路、外环路等组成的连接中心区、新发展区以及与对外公路相贯通的干路系统。环形干路可以是全环、半环或多边折线形，放射干路既可以从内环干路放射，也可以从二环或三环干路放射，大多宜顺应地形和现状发展建设而成。放射式道路网与环形放射式道路网如图3.2所示。环形放射式道路网便于市中心与外围市区和郊区的快速联系，常用于特大城市的快速路系统。为避免市中心地区交通负荷过度集中，放射干路不宜均等通至内环，以免过境交通进入市区。单纯放射式道路网又称星状道路网，是由城市中心向四周引出放射形道路，通常是城郊道路或对外公路的形式。单纯放射式道路网不如环形放射式道路网方便。但市内道路若只有环路，则不便于各圈层之间的联系。

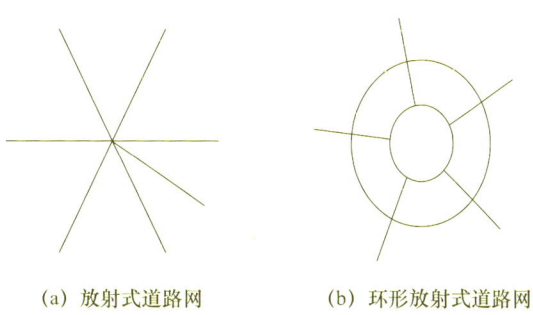

(a) 放射式道路网　　　　(b) 环形放射式道路网

图3.2　放射式道路网和环形放射式道路网示意

目前，环形放射式道路基本成为我国大城市较常采用的道路网布局形式。环路的基本作用为：穿越截流，即将起点、终点均不在环线以内的交通吸引到环线上；进出截流，即对进出市中心的交通起到分流的作用，一方面减少这些交通对环内道路的使用，另一方面将这些交通分散到多条道路上;内部疏解,即将环内长距离的交通吸引到环线上。射路有助于满足车辆的直达要求,减少绕行距离;射路能够加强中心区与郊区新城、市外之间的联系,促进城市副中心的形成。

在环形放射式道路网规划中,应避免环路系统诱导城市摊大饼式外延。城市每新建一条环路,相当于"肥胖"一圈。人体肥胖可导致高血压、高血脂等富贵病,同样,城市"肥胖"也会导致车速降低、居民出行时间拉长等问题。因此,在城市道路网规划中,应合理规划城市环路的数量。

③ 自由式道路网。在我国历代城市道路网布局中,自由式道路网体现的是"自然至上"的城市规划思想,由于地形起伏变化较大,道路网结合自然地形呈不规则形状。我国重庆、青岛等城市的干路系统均属于自由式,干路沿山麓地形或河岸自由延伸,灵活采用直线或不规则的曲线,干路围合的区域内部街道呈不规则的几何图形。

④ 混合式道路网。混合式道路网是由上述三种基本图式组成的道路系统。这种类型的道路网大多是受历史原因影响逐步发展形成的。有的在旧城区方格网式的基础上再分期修建放射干路和环形干路(由折线组成);也有的是原有中心区呈环形放射式,而在新建各区或环内增加方格网式道路。自由式道路网常用于地形起伏较大的地区,道路结合自然地形呈不规则形状。此种道路布局形式常呈现出活泼丰富的景观效果。我国大中城市,如北京、上海、长春、南京、合肥均属这种类型。

⑤ 组团式道路网。河流或其他天然屏障的存在,使城市用地分成几个系统,组团式道路网为适应此类城市布局的多中心系统之一。我国城市用地大多为集中式布局,大中城市规划的模式由市中心、区中心、居住区中心、小区中心的分级结构组成。对于大城市,宜从单中心向多中心发展,以适应限制中心区交通的战略,减少不必要的穿越中心的交通量。为缓解我国特大城市的交通堵塞问题,组团式道路网是合理的模式。组团与组团间应加强生态隔离,避免"摊大饼"。组团间的长距离交通应通过轨道交通来运输,单纯修建道路属治标不治本之举。

3.2.2 城市绿道系统规划

1. 城市绿道的含义与构成

(1) 城市绿道的含义

城市绿道主要串联城市行政区域范围内(不限于城市建成区)的各类绿色开敞空间和重要的自然与人文节点,包括自然保护区、风景名胜区、森林公园等自然节点,人文遗迹、历史村落、传统街区等人文节点以及居住社区、中心商业区、大型文娱体育区、公共交通枢纽等人流量较大的区域。建设城市绿道对于保护与优化城市生态系统、引导合理的城乡空间格局、提供休闲游憩和慢行空间具有重要意义。

(2) 城市绿道的构成

城市绿道由绿廊系统和人工系统两部分构成。绿廊系统是城市绿道的绿色基底,主要由地带性植物群落、野生动物、水体、土壤等生态要素构成,包括自然本底环境与人工恢复的自然环境,具有生态维护、景观美化等功能。人工系统由慢行系统、交通衔接系统、服务设施系统和标识系统等构成,具有休闲游憩、慢行交通等功能。慢行系统包括步行道、自行车道、综合慢行道。交通衔接系统包括绿道停车设施、绿道与城市其他交通系统的接驳设施等。服务设施系统包括管理设施、商业服务设施、游憩设施、科普教育设施、安全保障设施和环境卫生设施等。标识系统包括信息标识、指路标识、规章标识、警告标识等。

2. 城市绿道系统规划原则

城市绿道系统规划应坚持人与自然和谐共生的价值取向和生态导向，引导城乡形成合理的空间格局，体现地域景观特色与文化传统，满足当地居民提升生活品质的需求，确保绿道生态、环境民生和经济等多方面功能的实现。具体来说，城市绿道系统规划应满足以下几点原则。

（1）顺应自然肌理，畅通生态廊道

尊重城市的自然本底，充分利用地形、植被、水系等自然资源，结合市域生态廊道、生态隔离绿地、环城绿带和农田林网等构建城市绿道，使分散的生态斑块得以有机连接，从而构建和维护完整、安全的区域生态格局。

（2）串联发展节点，体现特色底蕴

充分发挥城市绿道对各类发展节点的组织串联作用，以自然保护区、风景名胜区、旅游度假区、森林公园、郊野公园以及人文遗迹、历史村落、传统街区等自然、人文节点为依托，尽可能多地发掘和展示本地具有代表性的特色资源，实现"在发展中保护，在保护中发展"。

（3）契合城乡布局，引导空间发展

一方面，城市绿道应契合城市的空间结构与功能拓展方向，有效发挥城市绿道在城乡之间、城镇之间以及城市不同功能组团之间的生态隔离功能，引导城乡形成合理的空间发展形态；另一方面，城市绿道应连通城镇内部的公园、广场、体育场馆、商业街、滨水休闲带等公共空间，成为公共空间的联系纽带，孕育城乡居民多样的公共生活空间，促进和谐社会建设。

（4）利用交通廊道，集约利用土地

城市绿道布局要尽量避免开挖、拆迁、征地，应充分利用现有的废弃铁路、村道、田间道路、景区游道等路径，在保障绿道使用者安全的前提下，集约利用土地，降低建设成本。

（5）衔接上一级绿道与慢行系统，倡导绿色生活

发挥承上启下的作用，与上一级绿道（如省级绿道等）及相邻城市绿道同步对接，加大绿道网密度，并重点向中心商业区、居住社区、公共交通枢纽以及大型文娱体育区等人流密集地区延伸，与城市慢行系统共同构成连续、完整的绿道生活网络，丰富市民出行方式，引领"公交优先、方便慢行"的绿色出行模式。

3. 城市绿道的选线方法

（1）优选绿道网络串联的发展节点

城市绿道应尽可能联系体现地方特色的自然节点以及人文节点、城市公共空间和城乡居民点等，高级别的发展节点应作为优先串联的对象。适宜串联的发展节点包括如下各项。

① 自然节点：指具备生物多样性、景观独特性的区域，包括自然保护区、风景名胜区、水源保护区、旅游度假区、森林公园、郊野公园、农田等。

②人文节点：指具有一定文化、历史特色的地区，包括人文遗迹、历史村落、传统街区等。

③城市公共空间：包括城镇建成区内部的大型居住区、大型商业区、文娱体育区、公共交通枢纽等重点地区，以及公园、广场、绿地等公共开敞空间。

④城乡居民点：城乡宜居社区、乡镇、村庄等。

（2）确定绿道网络的适宜路径

选取开敞空间边缘、已有绿道和交通线路等作为城市绿道选线的依托，以优先串联重要节点为目标，综合考虑长度、宽度、通行难易程度、建设条件等因素，对线性通廊进行比选，确定城市绿道的适宜线路。

①开敞空间边缘。开敞空间边缘指体现自然肌理的水系边缘（江、河、湖、海、溪、谷等水体岸线）、山林边缘和农田边缘（农田的田埂、桑基鱼塘的塘基）等。此类线形廊道最能体现绿道内涵，应优先予以考虑。

②已有绿道。已有绿道包括已建成的省立绿道。城市绿道应与省立绿道有机衔接，共同构建覆盖区域的绿道网络。局部地区受条件限制，城市绿道可考虑与省立绿道并线。在与省立绿道有机衔接的前提下，城市绿道应保持其相对独立性。

③交通线路。交通线路包括废弃铁路和国道、省道、县道、高速公路等公路，以及市政道路、景区游道、田间小道等。应根据交通流量，车行速度等确定其适宜程度，如废弃铁路、景区游道、田间小道等非机动交通线路，以游憩和耕作功能为主，在选线时可优先考虑；市政道路的慢行系统也可因地制宜地予以考虑；而国道、省道、县道及高速公路等快速机动交通线路，随着交通流量的增大和机动车速度的增加，其适宜程度依次降低，一般不宜选作绿道路径。

4. 基于城市更新的绿道系统规划

（1）规划方向

①体现人本关怀，面向全民需求。进行绿道系统规划时，可以将线路与附近体育设施进行连接，面向各类体育运动场景，确保居民能在步行路程内享受自助体育设施，提升公共空间的互动性和趣味性，满足居民运动健身需求。将绿道沿线公共空间打造为艺术展示的舞台，通过举办临时展览、主题快闪、手工艺品展销等多样化文化活动，让居民在漫步中了解当地的文化艺术，满足居民的文化体验需求。以人为本，精细化完善绿道配套设施及服务，增强绿道使用的舒适性，注重增加休息区域，配置厕所、便利店等设施，设置重要信息标识牌。

②联动城市建设，促进城市经济发展和综合效益全面提升。除了为市民提供连续的开放运动空间外，绿道系统，尤其是运动绿道，也将串联起正在实施的一系列城市开发及更新项目，包括众多协议开发区、国家城市更新项目，推动城市空间一体化更新。通过串联城市更新项目、促进体育产业发展等措施，绿道系统成为推动城市经济发展和综合效益提升的重要力量。

③与大自然深度融合。为突出生态环保理念，绿道系统，尤其是绿廊系统在规划前期应适度设计，提供必要的服务设施，最大限度减少人工痕迹。沿线的服务设施在用材、用色等方面突出与周围景色的融合；场地设施的布置宜因地制宜，如可采用木结构两坡顶的休息亭、砖瓦坡屋顶的公共厕所、融入自然风光的观景平台等，通过平实低调

的建筑风格与周围自然环境相协调。

（2）案例分析

在东莞"黄金双轴"中心城区南北第二通道更新片区统筹规划与城市设计项目中，围绕第二通道建设中轴绿道（廊），链接市体育中心与人民公园两大敞开空间，植入体育、文化、公园、商业等活力节点，构建了集运动休闲、文化体验、生态游憩、时尚消费于一体的城市活力走廊，如图3.3所示。

图 3.3　中轴绿道（廊）设计效果

3.2.3　城市道路品质提升规划

1. 道路品质提升的功能

城市更新背景下，城市道路应具有"交通＋空间"的二重属性，前者服务于各类交通参与者，承担道路的基本功能，满足人与物的高效移动；后者作为城市公共空间的一部分，服务于城市商业、休闲、交流、体验等各类公共活动。为了实现这个目标，需要从升级交通功能、统筹多维设施、激发空间活力等方面完善道路的综合服务功能，实现整体品质提升。

（1）升级交通功能

道路交通应考虑服务所有的交通参与者，包括行人、非机动车、公共交通、小汽车，提升车行交通效率、公共交通竞争力以及慢行交通友好度。同时也应处理好"行"与"停"的关系，处理好路内及路侧的停车交通组织，体现交通"综合服务水平提升"。

（2）统筹多维设施

道路是城市基础设施的重要组成部分，同时也是城市综合管线、绿化照明、城市家具等基础设施的主要载体。城市更新背景下，道路要发挥在城市内涝治理，保障城市安全，牢守生命红线等方面的重要作用。

（3）激发空间活力

公共空间品质的高低决定了公共活动的频率，应依据沿线土地利用性质确定道路公共活动功能，打开城市与街道的界面，促进城市与街道的融合，打造道路活力场所和满足形象个性的需求，激发公共空间活力。

以东莞"黄金双轴"中心城区南北第二通道更新片区统筹规划与城市设计项目为例。项目通过深入摸查历史文化资源，严格保护其原真性与完整性；围绕历史遗存，建设公园、广场、文体等公共空间，打造可进入、可体验、可传承的开放式历史场景，依托胜和体育横路，东西串联旗峰公园、鲶鱼洲及下坝村，筑造历史文化长廊，如图3.4所示。

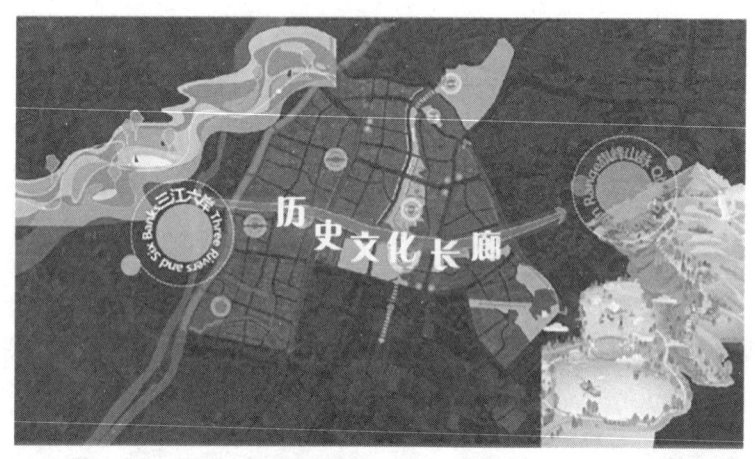

图3.4　东西向历史文化长廊示意

2. 道路品质提升规划理念

道路品质提升是城市更新的重要对象和抓手。2020年，时任住房城乡建设部党组书记、部长王蒙徽发表《实施城市更新行动》一文，提出城市更新的主要任务包括完善城市空间结构、实施城市生态修复和功能完善工程、强化城市历史文化保护塑造城市特色风貌、加强居住社区建设、推进新型城市基础设施建设、加强城镇老旧小区改造、增强城市防洪排涝能力等。在城市更新重点任务中，道路品质提升是可操作性最强、见效最快、受惠最广的行动。

(1) "系统化"解决综合交通问题

坚持道路的综合承载理念，为步行、非机动车、公交、机动车、停车、市政管线等问题提供综合解决方案。

(2) "多元化"统筹道路管理空间

坚持道路改造与拆违、立面整治、土地盘活、氛围营造、业态培育、公共空间建设等结合起来、统筹推进。

以东莞市"百千万工程"典型村麻涌镇麻三村建设提升规划项目为例，依托广州新华学院师生资源，定向孵化"青年创客空间＋夜经济带＋共享服务配套"三大业态，引入文创设计、数字媒体等轻资产企业，延长创客坊运营时间，发展音乐市集、湖畔露营等夜间消费场景，激活"高校—村庄"双向服务需求。同步以"古梅乡韵"IP（Intellectual Property，知识产权）为核心，修复蓑衣基古巷道，串联祠堂、村史馆，推出研学线路，打造沉浸式农田艺术、主题民宿等体验项目，构建"白天游湖、夜晚逛巷"的全时段消费链条，推动文旅产业与集体经济深度融合，如图3.5所示。

3 城市更新背景下的城市交通与道路系统规划

图 3.5 高校经济与古梅乡韵线路结合规划

（3）"精细化"设计道路全域要素

应避免"一张大样"设计到底，需根据道路功能、区位、空间条件等具体情况、具体细节，统筹推进道路全要素设计。

3. 道路品质提升规划方法

（1）关注道路交通体检，运用大数据分析技术

① 道路体检的四个维度。城市更新背景下的道路体检应包含以下四个维度的内容。

一维：道路沿线基础设施。对道路本底及使用情况进行摸排，主要包括周边交通情况、现状道路断面、现状交通流量、老路路基、路面、缘石、桥梁涵洞的使用及养护情况、交通安全设施、公共交通、慢行交通、停车设施、绿化景观、城市家具等。

二维：建筑退让空间。退让空间与道路空间紧密相连，其基础功能是预留道路拓宽、市政管线建设空间，保持街道良好通风、采光等。退让空间的体检既要梳理其空间构成、人行尺度感受、地面铺装方式、绿化、家具小品等，同时也要厘清权属关系，以便明确所有者、建设者、管理者等主体。

三维：空间风貌＋立体管网。街道空间作为重要的公共交流空间，是人们感知城市风貌的重要途径。街道空间风貌的打造首先需要关注道路两侧建筑与道路尺寸之间的高宽比例是否协调，沿街建筑色彩与街道整体功能是否统一等。市政管网是城市基础设施的重要组成部分，市政管线体检需要掌握道路范围内的地上或地下供水、排水、燃气、热力、电力、通信、广播电视、工业等管线及其附属设施，各类综合管廊的情况。获取准确的管线数据，掌握管线的基础信息，明确投资主体，同时明确管线是否存在安全隐患以及需要扩容的情况。

四维：道路与城市空间的演变。道路不仅存在空间属性，同样具有时间属性。城市结构的演变与道路的改造息息相关，彼此适应又相互促进。街道往往承载着几代人的历史与记忆，在城市蓬勃发展的进程中，道路必然会不断改造与完善，甚至它的功能定位也会发生变化。道路品质提升需要审视过去的人们对道路赋予的精神内涵与追忆，履行始于道路文化却又超出简单街巷意义的责任。

② 运用大数据分析技术。一方面，人口热力分析利用手机信令数据，形成人口热力图，分析不同时段不同路段人群在街道空间上的集聚和分布的相对情况，进而分析街道活力时空变化特征，借此判断街道活力度、街道功能等要素；另一方面，基于兴趣点数据分析对道路沿线各类兴趣点进行分类，识别道路承担的主要功能，分段梳理街道沿线业态分布特征，为科学合理的道路空间布局以及街道活力有效提升提供技术支持。

(2) 关注交通设计手段，摒弃传统道路工程化思维

① 注重道路交通组织，以整体效率指引空间设计。道路交通组织优化可以通过减少道路冲突点来提升整体运行效率。传统道路设计更多关注硬件设施规模调整，如增加车行道规模，展宽进口道等，而忽略了交通组织对道路运行效率的影响。道路交通组织优化可以分为三个层次：一是与研究道路相关的区域交通组织，通过单行、双向禁左等组织方式，将道路承担的部分交通量转移到周边能力富余的道路上，实现路网流量均衡；二是研究道路本身交通组织，合理组织沿线左转及调头，优化节点的转向效率，消除全线瓶颈节点，提升道路通行能力；三是研究道路沿线接入交通组织，通过归并出入口，实施右进右出管理，可以减小相交道路或出入口对研究道路主线交通的影响，提高道路运行效率。

② 评估道路资源配置，以断面优化促进路权均衡。城市道路除了通行功能外，还是城市公共空间、市政设施、历史风貌、文化彰显的重要载体。研究道路资源配置，需要理清道路承担的具体功能和服务对象，通过现状交通量（包括车流量、非机动车量、行人量）、驻足人群、沿线用地开发、街道立面等综合调查分析，明确研究道路功能定位；根据道路分段承担的具体功能，合理划分道路横断面形式，如在沿线活跃度高、人流量大的路段，需要充分保障慢行通行空间，并做好机动车道、非机动车道及人行道的隔离，在交通性强、沿线封闭性高的路段，在保障慢行基本通行需求的前提下，可以适当增加车行道规模。

③ 明确交叉口要素，以多元需求推动精细化设计。交叉口设计需要明确其范围内设计要素内容及各要素需求，以多元需求引导全要素精细化设计。例如，重点考虑人行和非机动车过街需求，通过路口窄化设计，设置过街安全岛、凸起式交叉口设计，减小行人过街距离，降低机动车车速，保证人行过街安全；通过规划非机动车过街导流线，设置非机动车前置等候区等，规范非机动车行驶空间，减少机动车和非机动车的干扰；通过设置社区巴士站，减小公交换乘距离；通过路口扩展空间设置雨水花园，实现公共空间和海绵空间拓展；通过缩小缘石转弯半径，减小行人通行空间干扰等。例如，东莞市东城街道火炼树城市更新项目通过升级外部路网结构，实现道路精细化设计：在外部路网方面，通过改造三路段、四交叉口，推进片区对外衔接；在内部路网方面，通过优化交叉口，精细化设计道路断面，实现道路人车分离，如图 3.6 所示。

④ 关注停车系统综合施策，有效促进停车系统综合治理。道路停车交通设计应遵循"减量、规范、有序、管理"原则，通过对路内停车、路侧停车设施优化调整，实施沿线地块停车共享等多种方式，规范道路沿线停车管理，减小路内、路侧停车对道路运行的干扰。通过减少路内停车泊位数量、对路侧停车进行规范设计、鼓励沿线公共设施开放停车、集中设置公共停车场、实施路侧停车场统一收费管理等综合措施，从而有效抑制路内停车需求，缓解道路沿线停车难、乱等问题。

3 城市更新背景下的城市交通与道路系统规划

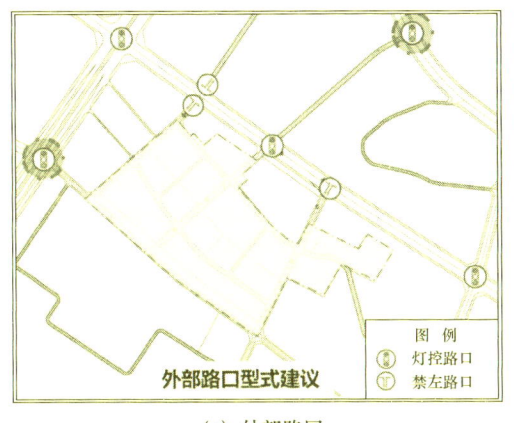
(a) 外部路网

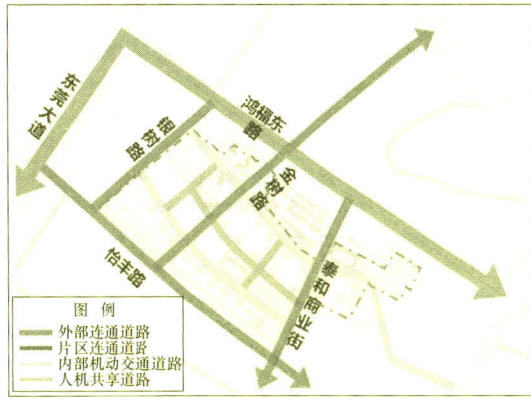
(b) 内部路网

图 3.6 东莞市东城街道火炼树城市更新项目道路精细化设计

⑤ 创新公交站台设计，以一体化整合多方式需求。在城市商业、公共服务等集中布置的路段，除了机动车流交通量大、公交需求旺盛外，还集中分布了大量的非机动车、人行交通，多种需求集中容易造成高峰期交通拥堵、机非相互干扰大、步行环境差、车辆乱停放等问题。利用建筑后退空间内凹统筹等多种交通设施，可以有效释放既有道路资源，减小各交通方式运行相互干扰。可通过道路红线内外一体设计，设置公交车、出租车、网约车等一体的"大港池"，非机动车分离、彩色铺装等设计，实现公交、慢行一体化考虑，有序规范不同出行方式设施布置，满足多方式出行需求。

⑥ 关注智慧交通集成，以多元需求引导智慧服务。城市智慧化建设已成为必然趋势，未来城市交通治理将实现围绕智慧交通进行全生命周期的系统服务。智慧道路规划主要包含感知技术、精准调整、管控平台和智慧设施等多个方面。依托多层次状态感知技术，可以实现协同采集动静态全时空、多层次感知数据；依托交通在线推演技术和机器学习技术，可以实现交通运行状态实时推演、出行服务精准制定、重点车辆实时监控；依托交通设施智慧管理平台，可以智能识别路面险情，主动推送给道路养护管理系统，辅助道路管养巡查工作；依托智慧设施，可以实现多杆、多箱合一，设施整合美化。

3.3 城市综合交通规划

3.3.1 轨道交通规划

1. 城市轨道交通的基本情况

城市轨道交通是城市公共交通的一个重要组成部分，随着城市的不断发展，它逐渐成为城市中最主要的交通工具之一。《城市轨道交通工程项目规范》（GB 55033—2022）将城市轨道交通定义为"采用专用轨道导向运行的城市公共客运交通系统"。

与其他交通方式相比较，城市轨道交通具有突出的优势，主要体现在运能大、速度快、能耗低、污染少、可靠性高、舒适性好和占地面积少等方面。城市轨道交通虽然有许多优点，但在具体的发展过程中还存在建设投资巨大、线路建成后不易调整、运营成本高、经济效益有限等局限性。依据《城市轨道交通分类》（GB/T 44413—2024），城市轨道交通分类属性及技术特征应符合的规定见表3.1。

表3.1 城市轨道交通分类属性及技术特征

序号	系统制式	服务层次	运输能力	走行方式	旅行速度/（km/h）	参考车型	敷设方式
1	地铁系统	城区	大运能	钢轮钢轨系统	35~60	地铁A型车、地铁B型车、地铁L_b型车	地下为主
2	轻轨系统	城区	中运能	钢轮钢轨系统	25~35	轻轨C型车、轻轨L_c型车	高架为主
3	跨座式单轨系统	城区	中运能	变轮导轨系统	30~35	跨座式单轨A型车、跨座式单轨B型车	高架为主
4	悬挂式单轨系统	城区	低运能	胶轮导轨系统	25~35	悬挂式单轨A型车、悬挂式单轨B型车	高架为主
5	自动导向轨道系统	城区	中运能或低运能	胶轮导轨系统	33~35	中间导向的胶轮车、两侧导向的胶轮车	高架为主
6	有轨电车系统	城区	低运能	钢轮钢轨系统	20~30	70%低地板有轨电车、100%低地板有轨电车	地面为主
7	导轨式胶轮电车系统	城区	低运能	胶轮导轨系统	20~30	导轨式胶轮电车	高架或地面
8	中低速磁浮系统	城区、市域或都市圈	中运能	磁浮系统	35~80	中低速磁浮A型车、中低速磁浮B型车、中低速磁浮C型车	高架为主
9	市域快速轨道系统	市域或都市圈	大运能或中运能	钢轮钢轨系统	≥60	市域A型车、市域B型车、市域D型车	根据沿线城市规划建设和环境确定
10	高速磁浮系统	市域或都市圈	大运能或中运能	磁浮系统	≥80	常导高速磁浮车、超导高速磁浮车	高架为主

2. 轨道交通线网规划

（1）轨道交通线网规划设计的一般原则

① 线网规划要与城市发展规划紧密结合，并适当留有发展余地。轨道交通线网规划是城市发展总体规划的重要组成部分，线网规划应与城市总体规划相配合，支持形成合理的城市结构，支持城市发展与城市结构调整战略目标的实现，并与城市的发展走廊相适应。应结合城市的地理结构、人文景观、城市人口规模、用地规模、经济规模和基础设施规模等规划城市轨道交通。在制订轨道交通线网规划时，一定要根据城市规划发展方向留有向外延伸的可能性。而且线网规划要能够适应都市的未来发展，充分考虑土地利用和交通的相互影响关系，处理好满足需求和引导发展的关系。

② 满足城市主干客流的交通需求是轨道交通线网布线的根本原则。建设轨道交通的根本目的是要满足城市发展带来的现在与未来的交通需求，提高轨道交通分担率，调

整城市结构和交通结构,解决交通拥挤、人们出行时间过长及乘车难等问题。因此线网规划应重点研究城市土地利用形态、人口与产业分布特征、现在及未来路网客流分布特点,使城市轨道交通能够最大限度地承担交通需求大通道上的客流,提高轨道交通的分担比率。为达到此目标,可重点考虑:贯通城市中心区(贯穿城市中心的路线通常被称为直径线,从轨道交通线网体系和运输效率的角度考虑,设置贯穿城市中心的路线比较理想);城市副中心、卫星城和城市中心组团间以最短路径连接(目的是将通勤交通需求大的地域连接起来),对满足大容量主干客流需求,提高快速轨道交通的社会效益、经济效益都是非常有益的。

③ 规划线路要尽量沿城市干道布设。城市干道,尤其是主干道,是交通最繁忙、客流汇集最多的地方,要尽量沿城市干道布设轨道线路,并且要以最便捷的线路连接城市综合交通枢纽、商业中心、文化娱乐中心、集中住宅区等客流集散量大的场所,以减小线路的非直线系数和缩短居民的出行时间。

④ 线路布置要使线网密度适当、乘客换乘方便、换乘次数少。居民出行最关心的是"时距"而不是"行距",尤其对通勤客流来说,与出行距离相比,他们更关心一次出行在旅途中要花多少时间。线网密度、换乘条件及换乘次数与出行时间关系极大,直接影响吸引客流量的大小。根据国内外经验,两平行网线间的距离,在市区一般以1400m左右为宜,同时要与街道布局相配合;除特殊情况外,两线间距离最好在800～1600m。在郊区两线间距离可适当增大。对大多数乘客要尽量减少换乘次数,最好经一次换乘就能到达目的地,最多不超过两次。当然,由于轨道交通是骨干交通,不可能覆盖全部交通需求,最根本的还是要根据现在与将来的客流需求强度特点和需要来布设轨道交通线路,切不可机械地确定线网密度。

⑤ 与城市常规公共交通网具有良好的衔接与配合。常规公共交通是接近门到门的交通服务,若能与轨道交通合理衔接,既方便乘客,使其缩短出行时间,又能为轨道交通集散大量客流,使其充分发挥运量大的作用。这样能充分发挥各自的优势和快速轨道交通的骨干作用。同时,线网端点处应尽量与市郊铁路相连接。未来的理想状态是不仅考虑换乘方便,而且应该考虑直通运行。在这方面,日本就有非常成功的实践案例。日本东京的地铁与市郊铁路制式相同,乘客不用换车即可到达远郊的目的地。

⑥ 线网中各条规划线路的客运负荷量要尽量均匀。要避免个别线路负荷过大或过小的现象,以提高运营效率和舒适性。

⑦ 线网规划要与城市的性质、地貌和地形相联系。在选择线路走向时,应考虑沿线地面建筑的情况,注意保护国家重点历史文物古迹和保护环境。应充分考虑地形、地貌和地质条件,尽量避开不良地质地段和重要的地下管线等构筑物,以利于工程实施和降低工程造价。

⑧ 环线的设置要因地制宜,不可生搬硬套。环线的主要作用是减少到市中心换乘的不必要客流,使沿环线乘行的乘客能直达目的地,以起到疏解市中心区客流的作用。所以,设置环线时要考虑有足够的客流量。环线客流负荷强度大小,会影响运营效率和经济效益。

(2) 线网规划方法

轨道交通线网规划主要方法有点线面要素层次分析法、功能层次分析法、逐线规划扩充法、主客流方向线网规划法、效率最大优化法等。

① 点线面要素层次分析法。这种方法以城市结构形态和客流需求的特征为基础,对基本的客流集散点、主要的客流分布、重要的对外辐射的方向及线网结构形态进行分层研究,充分注意定性分析和定量分析相结合,快速轨道工程学与交通测试相结合,静态与动态相结合,近期与远景相结合,经多种方案比较而成。"点""线""面"既是三个不同的类别,又是三个不同层次的研究要素。"点"代表局部、个体性的问题,即客流集散点、换乘节点和起终点的分布;"线"代表方向性问题,即轨道交通走廊的布局;"面"代表整体性、全局性的问题,即线网的结构和对外出口的分布形态。

a. "点"的分析。客流集散点,即客流发生点、吸引点和客流换乘点,是轨道交通设站服务、吸引客流的发生点。在进行轨道交通线网规划时,将主要的客流集散点连接起来,有助于轨道交通吸引客流,便利居民出行。

b. "线"的分析。"线"的分析是研究道路交通网络,即城市客流流经的路线,尤其是主要交通走廊,是分析和选择线路走向的基本因素。而城市道路网络的布局又会影响线路走向和线网构架形式,所以"线"的研究重点,就是要寻找主客流方向及交通走廊,并将城市内大客流集散点串联起来。轨道交通线路走向与主客流方向一致,可增加乘客的直达性,既方便乘客,又可提高轨道交通经济效益。

轨道交通线网规划中的设置将承担起城市未来主要的客流,这对于城区现已十分紧张的地面交通而言有着重要的意义。因为依靠在地面道路上安排大量的常规公交线路,或通过增加道路和路网密度来解决大运量的客运问题是非常困难的,而轨道交通系统具有大容量快速运输的特点,能较好地解决上述矛盾。城市主要客流流经路线,总是沿道路网络分布,而主干道往往又是城市主要客流交通走廊,同时主干道施工条件一般较好,是轨道交通的首选通道。

c. "面"的分析。在进行线网构架方案研究时,"面"上的因素是控制构架模型和形态的决定性因素,这些因素包括城市地位、规模、形态、对外衔接、自然条件、土地利用格局以及线网作用和地位、交通需求、线网规模等特征。

上述线网规划方法的优点是能够充分吸收规划人员的经验,便于从总体上把握线网的总体构架。其缺点是过分依赖经验,对未来客流需求特点的确切把握和反映不够。

② 功能层次分析法。这种方法根据城市结构层次和组团的划分,将整个城市的轨道交通网按功能分为三个层次,即骨干层、扩展层、充实层。骨干层与城市基本结构形态吻合,是基本线网骨架;扩展层在骨干层基础上向外围扩展;充实层是为了增加线网密度,提高服务水平。

③ 逐线规划扩充法。这种方法是以原有的快速轨道交通路网为基础,进行线网规模扩充,以适应城市发展。为此,必须在已建线路的基础上,调整规划已有的其他未建线路,扩充新的线路,将每条线路依次纳入线网后,形成最终的线网规划方案。

这种方法的优点是投资效益高,便于迅速缓解城市交通最严重的拥挤路段。缺点是不易从总体上把握线网构架,不易起到引导城市发展、形成合理城市结构的目的。

④ 主客流方向线网规划法。该方法是依据长期的理论研究和工程实践提出的,其

要点是根据城市居民的交通需求特点，确定近期能最大限度满足干线交通需求，远期引导合理城市结构和交通结构形成的功能特点，进行初期、近期和远期的交通需求空间分布特点的量化分析，并结合定性分析与经验，提出若干轨道交通线网规划方案。具体做法是，在现状与未来道路网上进行交通分配，按照确定的原则绘制流量图，根据流量图确定主客流的方向，然后沿主客流方向布线提出若干线网规划方案。

本方法的提出基于决定轨道交通线网的主要因素分析，客观上同点线面要素层次分析法的思路异曲同工，不同的是大大降低了对经验的过分依赖，减少了点线面分析的过大工作量，是我们推荐的方法。

网络分析的结果既反映了大的客流集散点、客流集中的线路，也反映了现在与将来的土地利用状况对整个城市的全面分析与能动引导。需要注意的是，不同发展阶段的城市对网络分析结果的利用思路也不同。对城市结构稳定、城市土地利用基本定型的城市，主要依据现状交通分布特性规划轨道网；对城市结构不稳定，正处于土地利用调整期的城市，主要依据未来交通分布特性规划轨道网。

⑤ 效率最大优化法。本方法以路线效率最高为目标和原则，根据已知条件搜索出一条或几条路线效率最大的线路，作为最优轨道交通路线集来研究线网的基本构架。

3. 城市轨道交通客流预测

轨道交通客流预测是指在一定的社会经济发展条件下科学预测城市各目标年的轨道交通线路的断面流量、站点乘降量以及站间OD（O代表出发地；D代表目的地）、平均运距等反映轨道交通客流需求特征的指标。轨道交通线路客流量是城市快速轨道交通可行性研究和设计的重要依据。在规划线网时，不同的轨道交通线网方案的客流分析结果是进行线网优选的主要内容，如发现有不当之处，要重新调整布线方案，并重做客流分析，如此反复直至满意为止；在工程可行性研究阶段，客流量是工程修建必要性和可行性的主要依据；在工程设计中，其系统运输能力、车辆选型及编组、设备容量及数量、车站规模以及工程投资和经济效益分析等，都要依据预测客流量的大小来确定。因此，轨道交通客流预测在城市轨道交通规划中占据相当重要的地位。

（1）轨道交通客流预测的基本方法

城市交通需求预测起源于美国，并且在全世界范围内得到了迅速发展。20世纪60年代，芝加哥都市圈交通规划开发了包括交通方式划分在内的四阶段交通需求预测法，开了城市综合交通需求预测的先河。四阶段预测法按照交通生成预测、交通分布预测、交通方式划分和交通分配四阶段来分析城市现状和未来的交通状况，是目前交通规划领域应用最广的方法。虽然近几十年来，对四阶段中预测模型的研究不断深入，也出现了将两个或几个阶段合并进行预测的方法，但从宏观的角度把握城市居民的出行特点，然后分阶段预测分析的思路仍是一致的。

采用四阶段法进行客流预测时，首先要对研究对象城市划分交通小区，进行城市人口、就业、土地利用等资料的调查和居民出行调查，在此基础上进行居民出行预测、出行分布预测、交通方式划分预测和交通分配，以获得所需的轨道交通需求数据。

（2）城市轨道客流预测工作流程

城市轨道客流预测工作流程如图3.7所示。

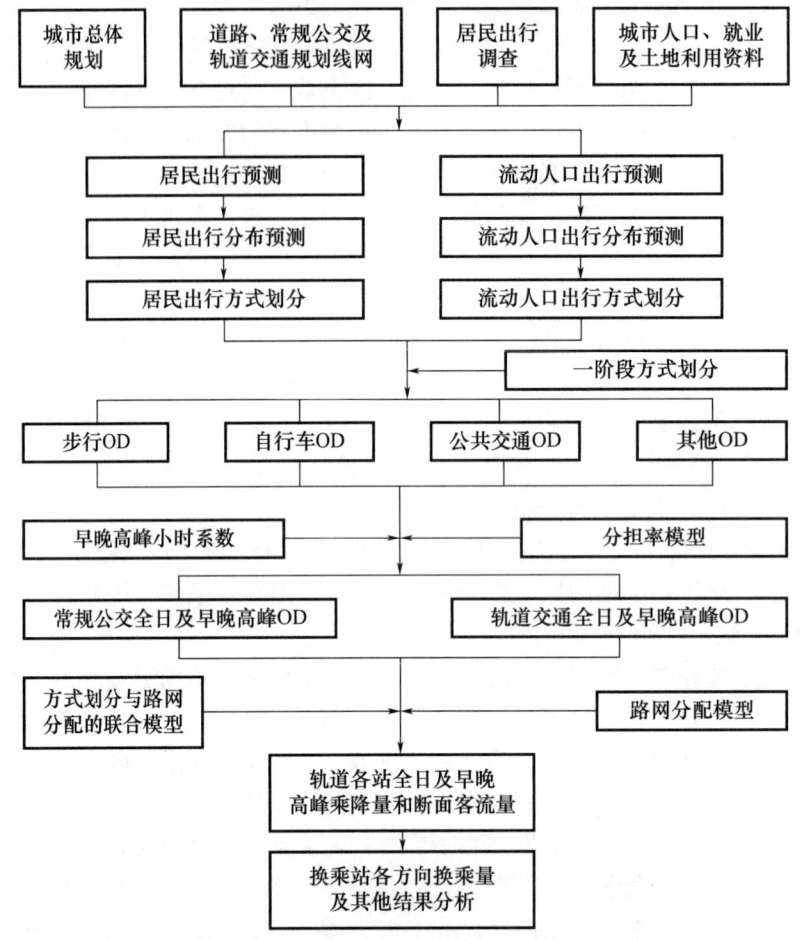

图 3.7 轨道客流预测工作流程

4. 城市更新背景下的 TOD 一体化规划

（1）TOD 理念在城市更新规划中的应用

2021年，中国城市规划学会推出了团体标准《城市轨道交通站点周边地区设施空间规划设计导则》（T/UPSC 0003—2021），针对轨道交通站点周边地区的交通接驳和附属设施、集散和公共空间，提出了相应的优化设计指导和管控要求。TOD（Transit-Oriented Development，以公共交通为导向的开发）一体化是城市轨道交通在城市更新背景下的发展方向。TOD 和城市更新工作的本质都是基于以人为本的原则，协调城市用地和绿色出行的关系，为城市居民和工作人群提供更优质的出行环境和公共空间。TOD 理念在城市更新规划中的应用集中体现在价值协同、功能协同、投资协同、空间协同、人本协同、工程协同等 6 个方面。

① 价值协同。建成区内城市轨道交通的新建、改建与站点周边地区城市更新应形成价值协同，通过城市轨道交通的新建、改建引发交通发展机遇，借助站点周边地区的微更新、地块更新、公共空间更新、基础设施更新等多种途径提升城市品质，从而优化完善建成区原有结构和功能，重塑片区活力。

② 功能协同。交通空间的改造与站点周边用地更新应进行整体谋划，通过零散地

块的合并更新、腾挪、置换等方式，增加用地功能混合度，立体化植入商业、商务、文化、居住、公共服务等多种功能，为轨道建设带来的人流提供与之匹配的功能、产业和服务设施。

③ 投资协同。对于具备战略节点价值的地区，在轨道交通规划与建设的同时，应加强与站点周边地区产权主体的沟通协商，形成城市更新的协同机制。借助轨道交通的建设契机，以公共投资撬动社会投资，推动地区品质和活力的整体提升。

④ 空间协同。轨道站点周边的城市更新应坚持"以人为本"的基本原则，优先组织慢行交通系统，打破用地红线和管理界线的制约，统筹轨道站点及周边建筑的地上地下、室内室外公共空间，创造连续舒适的步行体验，有序引导轨道站点集散人群进入周边地块。

⑤ 人本协同。注重公共利益是TOD理念与城市更新的共同追求，轨道站点周边地区的城市更新更应注重保留城市公共空间的生活和文化多样性，综合运用拆除重建、整建维修、功能改变等多种地块更新方式，保留原有人文环境、延续街区风貌、传承生活方式，避免因更新方式单一而造成的大拆大建。

⑥ 工程协同。轨道站点周边地区的城市更新规划应综合考虑地上地下空间综合开发利用、动态及静态交通组织、市政基础设施的升级改造以及人防应急安全空间的建设和利用。在此基础上，针对地下空间重点开展专项研究，统筹解决交通、人防、基础设施、公共安全等问题。

(2) TOD一体化规划重点

① 划定更新单元。TOD更新单元应综合考虑轨道站点核心区和辐射影响区的范围，结合项目实际情况，识别可更新和有必要更新的地区，参考城市道路、自然地物、用地权属边界等要素进行划定。在一般城市更新单元划定的基础上，以距离轨道站点300～500m、500～800m等为基准，充分考虑不同城市更新项目类型、轨道站点能级的影响系数，结合互联网大数据、地价分布、级差强度等分析成果，科学划定轨道站点影响区及TOD更新单元。

② 更新类型画像。依据城市更新地区的功能类型，将TOD城市更新单元中的项目类型划分为居住片区改善型、产业片区改造型、公共中心品质提升型、历史文化遗产传承利用型和综合更新型5类，从区域画像、区域评估、交通分析、经济分析等多个维度对TOD城市更新单元开展现状诊断及评估工作。

③ 梳理存量资源。在TOD城市更新单元内，结合轨道站点的影响域分析，从更新潜力用地、更新潜力建筑、更新潜力设施、更新潜力公共空间等角度出发，系统梳理功能单一或与城市发展不协调的可利用用地、建筑、设施和空间。重点结合轨道站点影响域空间价值分析，厘清TOD城市更新片区的现状优势条件，识别用地资源的更新潜力。结合现状用地功能画像、国土资源综合整治、国土空间规划、城市更新实施计划等，按照距离站点出入口可达性、远近距离、用地大小等内容对更新潜力用地进行分级分类。

④ 明确价值导向。在明确了轨道站点片区的功能定位、空间发展重点的基础上，结合现状评估及存量资源梳理，应落实TOD"高密度、合理设计、多元化"的核心理念及原则，确定轨道站点核心区及辐射影响区内的空间规模及功能布局。同时，针对不同的城市更新项目类型，明确分级分类的总体管控思路及差异化的特殊管控思路。在具

有历史保护价值的地区，应注重轨道站点周边地区历史文脉的延续、人文环境要素的保留。对更新对象的风貌进行管控，实现地区新旧风貌融合，体现不同地域功能背景下的空间格局。

⑤ 统筹更新意愿。轨道站点周边地区的城市更新项目涉及的主体更为复杂，各利益主体的更新意愿不尽相同。因此，在确定更新项目类型及价值导向后，应开展更新意愿调查，重点收集 TOD 城市更新单元内的居民、更新主体及权利人、政府部门及社区责任规划师等利益相关方的诉求和矛盾问题。通过不同主体、不同视角的调查研究，能更好地确定各类空间的诉求及功能配置要求，推动城市更新项目实施。

⑥ 明确更新模式。一般而言，从项目实施主体分类来看，城市更新项目可分为政府主导型、市场主导型、政府和市场合作型等 3 类。在 TOD 的协同发展目标下，应从土地效能发挥、片区转型升级、TOD 与更新政策耦合、片区空间品质提升、居民出行方式转变、公共配套设施改善等方面提出片区更新的总体要求。划定更新潜力范围，可确定拆、改、留的范围及建筑规模。统筹更新地区与轨道站点建设、改造及开发运营时序，针对不同项目要求和特征推荐相应的开发模式。例如，市场主体对资金配置有更丰富的技术经验，对房地产市场的空间产品和高质量设计品质有更灵敏的观察力，应充分参与项目功能策划和运营；政府部门需保障公共利益的最大化和公平分配，在协调原利益主体、更新项目梳理和土地整理、创新监管和审批手续等环节具有不可替代的作用，因此要充分保障市场资本和市民群众的利益诉求和发展目标。

⑦ 更新实施评估。轨道站点周边地区兼具"节点"和"场所"双重特征，城市更新项目的实施可以促进各类城市活动的发生，改变地段商业、文化与空间形态，对城市空间高质量发展起到巨大推动作用。TOD 一体化理念下的更新项目应形成规划前、中、后的评估机制，结合城市体检，选取不同维度的体检指标，定期评估 TOD 一体化开发带来的经济效益和社会效益，动态指导规划方案的优化调整。

3.3.2 常规公共交通规划

1. 常规公共交通规划的重要性

常规公共交通包括公共汽车和无轨电车。其主要特点是固定投资较小，运行路线可改变。但由于在地面道路上行驶，运输能力适中，高峰时段每小时客运能力为 6000～8000 人次，全日为 15000～25000 人次，车速为 15～25km/h，适于客流不大的中短距离出行。目前，我国城市公共交通的主体是常规地面公共汽车交通。因快速轨道交通系统建设投资巨大，技术要求高，建设周期长，要成为大城市客运交通的骨干还有一个过程。现阶段公共汽车是我国城市客运交通中成本最低、综合效益最好的交通工具，它为中低收入居民提供了方便低廉的出行机会。因此，应加大力度发展好常规公共交通，进行科学的规划工作。

2. 常规公共交通规划的线网规划

(1) 公交线网形式特点

公共交通线路系统的形式要根据不同城市的规模、布局和居民出行特征进行选定。公共交通具有集中性的运送能力（非个体客运方式），主要为城市各人流集散点之间（如居住地点、工作地点、城市中心、对外交通枢纽、文体活动和商业服务设施、游憩设施等) 的客流服务。公共交通线路系统应该满足并便于城市各人流集散点之间有良好联系的要求。不同类型的城市根据自身的城市发展及布局特点,应该设计与其相适应的公交线网形式。

一般小城市公共交通线路主要起联系城市中心、对外交通枢纽、工业中心、体育休憩设施和乡村的辅助作用,公交线网形式如图 3.8 所示。

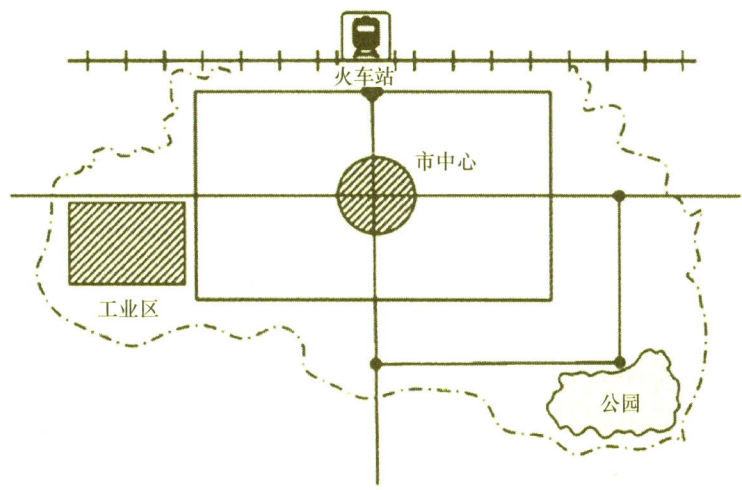

图 3.8　小城市公交线网形式

中等城市应形成以常规公共汽车为主体的公共交通线路系统。在带状发展的组合型城市,达到一定的客流需求,可能需要设置快速公共汽车或轨道线路,加强分散城区之间的联系,如图 3.9 所示。

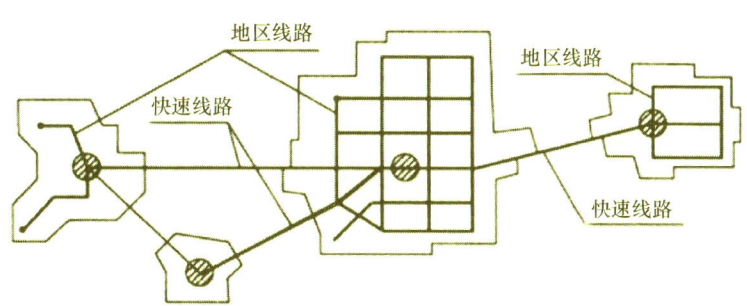

图 3.9　中等城市公交线网形式

对于大城市和特大城市,客流以及城市发展到一定规模时,应形成以快速大运量轨道公共交通和准快速市级公共交通汽车干线为骨干的、方便的公共交通网。

(2) 公交线网布设

根据城市社会经济发展水平、公共交通需求特征、道路资源条件、城市发展布局等条件,可将公交网络分级布设。

① 布设原则。公共交通网络对居民出行方便程度有很大影响,规划初始网络时,不宜完全遗弃原有线路重新布设,应在分析评价原公交线网与客流分布特点的基础上,保留原线网中的合理线路作为规划方案的初始线路集的一部分,作为主骨架公交网络,

公交线网布设应以方便居民出行为目的，以公交客流 OD 为依据，以换乘次数与通过站点最少为目标。布设时应考虑的原则：线路走向应与客流主流向一致，和客流分布相协调；主干线尽可能按最短路布设，保证主干客流直达；次干线换乘次数不超过 1 次，支线换乘次数不超过 2 次，从而使全服务区内乘客换乘次数和线路所经站点数最少；保证适当的公交线网密度，即良好的可达性；保证线网的服务面积率，减少公交盲区；公交线路客流均匀；兼顾、利用现有线路，综合协调新老线路之间的关系。

上述原则中，方便居民出行是大力发展公共交通的最主要目标，若线网布局不能确保公共交通比其他交通方式能更好地方便乘客，大力发展公共交通也就无法实现。因此，在线网布局中必须紧紧抓住方便乘客这个中心。

② 线网布设思路。公交网络布设基本思路是，"先主后次，先粗后细，分层、分级布设，优化成网"，根据服务客流特征，把城市公交网络划分为主干线路、次干线路、支线三个层次。首先沿城市干道布设公交干线层，以此类推，最后布设公交支线层，形成一种"骨架线路＋基本线路＋补充线路"的模式，从而最终形成功能明确、层次清晰、结构合理的一体化公交网络。

主干线路是城市公交网络中的骨架线路，满足区域间及区域内中远距离出行需求，在整体线网布局中起骨架作用。客流较大的区域内部也用骨架线路连接，骨架线路通过公交枢纽站场连接起来。

③ 公交线网规划的基本步骤。现状城区公共交通线路网规划通常是在现有的公共交通线路基础上，根据客流变化情况、道路建设及新客流吸引中心的需要，对原有线路的路径、站点设置、运营指标等进行调整，或开辟新的公共交通线路。或者当城市用地结构、城市干路网发生大的变动（如对外客运交通枢纽的迁建、新交通干路的开辟），或开通新的大运量快速轨道客运线路时，应考虑对城市公共交通系统进行调整。

对于新建城市或规划期内将有较大发展的城市，公共交通线路网需要密切配合城市用地规划结构进行全面规划。通常按照下列步骤进行。

a. 根据城市性质、规模、总体规划的用地布局结构，确定公共交通线路网的系统类型。

b. 分析城市主要活动中心的空间分布及相互之间的关系，明确居民出行的主要出发点和吸引点的分布情况。例如居住区、就业中心、商业服务中心、文娱体育中心、对外客运交通中心、公园等游憩中心以及公共交通系统中可能设置的换乘枢纽等。

c. 在城市居民出行调查和交通规划的客运交通分配的基础上，分析城市主要客流、吸引中心的客流、吸引期望路线客流。

d. 综合各城市活动中心客流相互流动的空间分布需求，设置换乘枢纽，初步确定在主要客流流向上满足客流量要求，并把各居民出行的主要出发点和吸引点联系起来的公共交通骨干线路网方案。

e. 根据城市总客流量的要求及公共交通运营的要求进行线路网的优化设计，满足各项规划指标，首先确定公共交通骨架线路网规划，进而确定组团公交线网规划。

f. 随着城市的发展和逐步建成，逐条开辟公共交通线路，并不断根据客流的变化和需求进行调整。

3. 公交枢纽场站规划设计

（1）公交换乘枢纽的分级分规模设置

公交换乘枢纽可以相应按需求分级分规模设置。市级换乘枢纽：与城市对外客运交通枢纽结合布置的换乘枢纽，设置在市级城市中心附近的多条市级公交干线换乘点等。组团级换乘枢纽：各组团中心或主要客流集中地设置的市级公交干线与组团级普通线路衔接换乘的公共交通换乘枢纽。其他地段或特定公共设施的换乘枢纽：包括城市中心交通限控区换乘设施、市区公共交通线路与郊区公共交通线路衔接换乘的枢纽和为大型公共设施（如体育中心、游览中心、购物中心等）服务的换乘枢纽等。还可以在一些换乘量大、重复线路多的站点，设置换乘方便的公共交通组合站（换乘站），作为公共交通换乘枢纽的补充。

（2）公交枢纽选址规划

① 规划选址技术要求。公交场站选址应符合以下技术要求：

a. 选址应尽量避免干道相交的平面交叉口处，以免车辆出入对交叉口交通组织带来不利影响。

b. 首末站服务半径一般为 350m，最远不超过 800m，场站选址应使其服务地区的乘客大部分都在以该站为中心的服务半径内。大型居住区的配套的公交首末站，宜布置在居住区边缘，避免扰民。

c. 与对外客运场站结合的公交枢纽站，应纳入对外客运站的总体规划中统一布置，使市内公交与对外交通有机衔接；与轨道交通接驳的公交换乘枢纽选址时，枢纽站与轨道站间距以不超过 200m 为宜（使乘客步行换乘时间控制在 3 分钟以内）；有条件的尽可能做到"无缝衔接"。

d. 公交停保场选址，宜尽可能使其与服务范围内各首末站之间距离最短，便于车辆的停放和保养，减少空驶。

e. 公交修理厂一般选址在组团边缘的干道旁，使出入交通方便。

② 场站规划选址协调。规划时要与城市各层次规划相协调。应依据公交客流需求分析、场站规划布局与选址原则，结合实际用地条件，对其中部分场站的选址、用地面积等进行调整。同时根据实际需要，适当在部分地区新增公交场站。规划时，要与城市空间用地布局协调与整体交通规划相协调。

（3）公交枢纽站设计原则

① 设计主要原则。布局设计方面：方便公共汽车停泊；保证公共汽车及其他车辆安全行驶；提供足够及安全的乘客候车区；避免人车冲突；提供方便及安全的车辆及乘客通道，例如人行通道、楼梯、电梯以及扶梯。环境方面：保证足够的照明和通风。乘客及营运设施方面：提供无障碍设施，例如等候区护栏、公用电话、斜坡、升降梯、盲道、盲人点字板等；提供足够空间方便营运服务，例如乘客服务中心、站长室、司机休息室及洗手间等；提供保安及安全装置，例如灭火装备、闭路电视等。乘客信息方面：提供清晰、足够的乘客信息设施，例如指示牌、路线/目的地展示板、离站时间显示屏等。

② 公共汽车首末站设计形式。公共汽车首末站设计是公交枢纽站规划设计的重要内容。目前常用的设计形式有平行式停车场设计、锯齿形停车场设计。

4. 常规公共交通多样化发展规划

城市更新背景下，常规公共交通服务水平偏低，无法满足市民的出行需求，无法应对小汽车的竞争，需要切实提升常规公共交通的吸引力，着力破解"等车难、绕行多、速度慢、覆盖弱、体验差"的行业痛点。规划层面可以从以下几个方面做出相应调整。

(1) 要实现主要公交线路的高频、快速运行

提高高峰期的发车频率，提高公交行驶车速，减少乘客的等待时间和行程时间是提升公交服务竞争力的关键指标。城市主要公交线路可推行"双峰保障、平峰兜底"的弹性调度机制，确保早晚高峰较高的发车频次，通过车载 GPS 与客流检测系统联动，实现"车等人"到"人等车"的转变，通过公交专用道、公交优先信号及配套违法抓拍等措施保障早晚高峰公交走廊的基本畅通。

(2) 提供灵活、多样化的公交出行服务

整合多种形式的公共交通工具，包括公交车、出租车、网约车、共享（电）单车、单位班车、旅游包车等，提供"一站式"的公交出行解决方案，破解"门到门"的公交出行痛点。比如服务于社区的支线公交，针对产业园区、学校、医院等特定群体的"点对点"定制专线，主要公交站点接驳的"两轮公交"（共享电单车）等。

(3) 构建高覆盖、分散化布局的公交服务网络

增加公交线路和站点的覆盖范围，缩短换乘距离，中心城区常规公交站点 300m 半径覆盖率力求提升至 90% 以上，利用大数据分析客流时空分布，动态调整公交线路走向和班次密度；同时完善"公交＋慢行"接驳体系，在人流密集地区大幅加密共享（电）单车的存取点，确保市民可就近快速接入共享（电）单车和公交车服务网络。

(4) 提供给市民安全、舒适的公交出行体验

包括服务标准与用户体验的"双提升"，如改善乘车环境，更新老旧车辆，提高车辆舒适度，提供无线网络、充电接口等便利设施，确保高峰期车内不过度拥挤，及时发布公交车次信息、保证重点线路较高的准点率、公交车驾驶员和乘务员提供专业周到服务等。

提升常规公交的吸引力并非只是简单增加班次和线路，而是应以乘客为中心，通过"精准服务分层、空间场景重构、技术体验升级"多层面的规划创新，将关注公交出行的"有没有"提升到关注公交服务品质"好不好"的层面，通过系统化的公交服务升级，持续完善服务质量评价标准，常规公交能重塑竞争力，成为市民出行的优先选择。

3.3.3 城市步行与自行车交通规划

国内外城市发展经验表明，以机动车交通为主导的交通发展方式是不可持续的，引发了交通拥堵、环境污染、能源危机等诸多城市问题。因此，以"公交优先，鼓励步行与自行车，限制小汽车发展"为原则的综合交通发展策略已经成为世界各国城市交通的核心策略和发展方向。城市更新背景下，城市步行与自行车交通系统既是城市绿色交通系统的首选，也是综合交通规划体系的重要组成部分。

1. 步行交通系统的规划

进行城市步行交通系统规划时，应从宏观、中观、微观三个层面研究，具体内容如下。

(1) 宏观层面

在宏观层面上，多数步行交通系统依托完善的城市道路网，因此，路网层面首先需要满足步行交通系统的连续性要求，完善路网结构，主、次、支路的比例满足由少到多的金字塔形状结构，尤其是支路要实现点对点的连接，尽量深入城市内部。

其次，依据城市自然格局和空间形态可以将城市大体分为山水区域和城市建成区，并依托山系绿带及河流水系形成结构化通廊，优先发展这些通廊区域，保证步行环境的整体性和连续性。

最后，结合城市不同片区的功能，根据步行的适宜尺度范围（一般为1000m以内）来划分步行分区。各步行分区之间通常为主出行链，距离较长，步行交通系统不可能完全覆盖，这就必然涉及其他交通方式。因此，这个层面的重点在于步行交通与其他交通方式的换乘接驳，即需要考虑城市的公共交通规划与路网规划。

总体来说，宏观层面的步行交通系统主要依托于城市路网规划、公共交通规划等城市整体性规划。但是在以往的规划中，步行交通系统往往被忽略，行人的利益受到损害。

(2) 中观层面

宏观层面考虑了步行交通与其他交通方式的接驳换乘，中观层面需要研究换乘后步行的次出行链，如出地铁站后在商业区的购物休闲活动。在中观层面上进行步行交通系统分区设计，主要可划分为以下几个部分。

① 广场。广场是城市步行交通系统中的一个重要节点，主要功能是为城市居民提供休闲娱乐、交流的场所；为外来人口提供观光旅游、了解这座城市的窗口；同时在特殊日子里，市民广场为全市性的活动提供场地，如节日庆典、重要仪式等。

② 对外交通枢纽。对外交通枢纽的步行交通系统要尽可能地将人们在此地快速疏解，提高其周转效能，缩短出行距离，保证出行者安全、方便、快捷、准确地完成转换；在此基础上，要尽量减少交通枢纽的建筑面积和用地。

③ 中心商业区。在中心商业区人们的活动内容很广泛，包括购物、娱乐、聊天、放松心情、健身、约会、观光等。商业中心区的步行者出行目的多样化，故其人流具有分布均匀、步行速度较慢、时间分布均匀等特点。

④ 居住区。步行是居住区内的主要交通方式，它主要包括居民日常购物、锻炼身体、儿童上学、游戏、工作出行去公交站和就近社交活动等。居住区步行交通系统遍布于整个城市，是与市民的出行和生活最为密切的步行交通系统。不仅要满足小区居民的交通需求，同时还为居民从事休息、娱乐、游憩、购物、文化、社交等活动提供场所。

⑤ 中心商务区。中心商务区的行人特点比较明确，多为白领上班族，出行多为通勤，有明显的上下班峰值，相对较为规律。中心商务区内部往往配套宾馆、商业、娱乐设施，开发强度高，步行交通量较大。

⑥ 体育场馆、会展、博览中心。体育、会展、博览中心均为举办大型活动的公共设施，因此在特定的时间有大量人流、车流，需要在短时间内向城市道路系统集散，因此这些场馆的交通出入口与其外围的城市道路和公共交通车站之间应合理布局及连接，保证观众安全疏散，避免大量人流阻塞城市交通。

⑦ 步行带系统。城市步行带主要包括滨水步行带、林荫步行带等。其规划建设在

考虑交通出行需求的同时还需考虑防洪（潮）、景观及休闲的需要。滨水步行带规划主要有两类：滨水道路与水之间被防汛墙分隔开来，步行道和车行道处于同一层面，形成"靠水不见水"的局面；滨水步行道通过宽阔的绿化带与车行道分隔开，且处于不同层面（通常在防洪堤的顶部及内侧设步行道和亲水平台），在绿化带和步行道下方可设置停车场，这种设计使水面作为公共空间渗透进城市，为人们所欣赏，也有利于体现城市的特色。

此外，对一些历史文化名城或历史文化区域，为保护古城风貌和传统的城市形态，需设置区域性步行子系统，以避免大量机动车交通给历史文化区域所带来的影响和破坏，就会较为妥善地保持原有的城市空间结构和空间氛围，从而使区域特色得以延续。在尽量不破坏历史文化古城的前提下进行二次开发，发展其内部的旅游步行交通系统。

（3）微观层面

微观层面主要是结合非集计模型考虑解决步行出行行人的随机行为，用于小范围的规划设计，即具体的步行道以及各类步行节点的设计，主要包括步行街、人行道、人行过街通道、道路路肩、路侧设施等。

① 步行街。步行街按车辆进出的时间限制分为两类：完全步行街和非完全步行街。完全步行街在人流活动的时间内禁止除特种车辆（如救护车、邮政车、消防车、警车等）以外的任何车辆驶入。非完全步行街在确保人车分离的前提下，允许车辆在指定时间内进出。

步行街与城市商业活动、传统文化保护有密切的关系，设置步行街的主要目的有促进商业繁荣；创造安全、幽雅的环境；避免或禁止汽车交通进入传统的商业街区，保护传统的商业街风貌。

② 人行道。人行道与城市所有步行空间都要有联系。人们或许不能从居住区直接走到商业中心，但是从居住区到商业中心之间的每一段人行道都会有行人使用，这就是城市步行空间的连续性，也是人行道存在的意义。

在设计上要注重人行道与公共交通的衔接。人行道是城市步行空间与非步行空间的分界线，即使是大型商业区、市民广场也以人行道作为边缘。也就是说，人行道是人们进入城市客运交通的起点。因此，人行道上要分布公交站点，而且要注意公交站点与道路的关系，避免因公交站点的存在影响道路上的交通。要确定人行道的适当宽度，结合公交站点做好节点设计，以满足人们对空间多样性的要求。

③ 人行横道。人行横道是与机动车道相交、供行人穿越机动车道路的空间。人行横道暴露在机动车行驶方向上，设置不好会导致行人事故率增高，设置不够也会使得行人感到不方便，进而导致违法穿越机动车道的事件频发。斑马线式和平行式是人行横道的两种主要形式。斑马线式人行横道由条纹实线组成，设在没有行人信号灯的路口或路段。平行式人行横道由两条平行实线组成，设置在设有行人信号灯的路口。

人行横道的作用是把过街行人集中在一定的时间、地点内，减少行人与机动车的冲突数目，减少事故的发生。规划设计时具体要考虑到过街地点及合适的间距，必须根据调查及预测的交通需求数据来选择合适的人行横道位置。交叉口均应布设人行横道，不同的路段应给予不同的过街机会。机动车交通量过大的街道可以适当减少设置人行横道。要把人行横道看成人行道的延伸部分，人行道不能与人行横道互相分离，应作为一个整体来规划设计。考虑到人行横道是连接道路两侧步行人流的空间设施，所以人行横道应比人行道宽。

④ 人行过街通道。人行过街通道布置原则如下：

a. 从行人心理角度、驾驶员及车辆行驶性能角度和道路设计能力饱和角度，确定人行过街设施合理间隔；

b. 商业区，双向四车道道路，合理间隔 250m；双向六车道道路，合理间隔 300m；

c. 其他区域，双向四车道道路，合理间隔 500m；双向六车道道路，合理间隔 550m。

人行过道通道设计要点如下：

a. 要有系统性，在城市繁华地带首先要考虑把人行立交系统化，这样做既能减少行人的体力、时间损耗，又减少了资金投入，并且给人以一种完整的美感。

b. 设置位置要充分考虑当地的实际情况，例如风景游览区的景观搭配，对于历史景观的保护等，在各种车站、公共活动场所或学校应考虑多加设置以加快对行人的疏散。

c. 对于人行立交的设置形式应根据具体情况决定，如游览区有景观遮挡问题，所以应考虑采用地下通道，而地质情况复杂的地段应采用过街天桥。

⑤ 道路路肩。路肩是指位于车行道外缘至路基边缘、具有一定宽度的带状部分。道路两旁的路肩应有一定的宽度与质量要求，不能仅仅满足行人行走的最低要求。不应只从机动车的角度出发，而应多考虑行人的空间需求。

⑥ 路侧设施。人行道周围还应设置人性化的设施以吸引行人，创造舒适宜人的步行空间，比如多种植树木、花卉，提供各种休息座椅、方便的垃圾箱、路标、公共电话、紧急呼救站以及位置合适的报亭、小卖部、公共厕所等。

2. 自行车交通系统

在规划区范围内应将自行车交通规划与道路网改造同步进行，规划建设通达连续的自行车路网，并结合区域自身特色规划特色自行车路线。自行车交通规划内容主要有自行车道路系统规划、自行车交通道路路面规划和自行车公共租赁规划等三个方面。

(1) 自行车道路系统规划

① 规划原则。近期、远期相结合，充分利用现有道路；满足自行车交通需求；与其他交通方式相协调；尽可能使得交通管理相对简单。

② 规划种类。自行车道分为两类：城市道路附属自行车道和特色自行车专用道路。前者布置依附于城市道路网；后者是为自行车旅游休闲以及自行车运动健身而专门规划的线路。

③ 规划设计要点。在区内指定一些次要街道或开放部分公园范围作为自行车专用道，为骑车人提供良好、安全的路面环境；在适当的位置设立自行车路标指示和停车等设施；在与步行道相近时，用绿带隔开或用不同色彩的材料铺砌，以示区别，在郊区与汽车道相交时，建造简易立交，自行车道由下面通过；步行与自行车交通、机动车交通的空间分离；自行车道与人行道路面铺装不同，并加以分隔；为行人以及自行车使用者提供更完善的毛细道路网，确保自行车路网的连续性；有条件的企业内部可在用地内设

置自行车道、跑步漫步便道等设施。

(2) 自行车交通道路路面规划

为避免行人、非机动车和机动车之间冲突,规划道路断面布局的原则是将主干道和次干道的人行、非机动车交通放在同一平面内,采用不同的铺装形式。在满足自行车道路网连续性的前提下,要保证自行车使用者行驶的舒适性,因此在设计自行车道路断面时,在满足规范的基础上应考虑到这一点。

城市道路网中,自行车道路每条车道宽度宜为1m,靠路边和靠分隔带的一条车道侧向净空宽度应增加0.25m。自行车道路双向行驶宽度宜为3.75m,与其他非机动车混行时,单向行驶道路的最小宽度应为4.75m。

独立慢行系统中的自行车道路路面宽度见表3.2。非机动车道路面应根据筑路材料、施工最小厚度、路基土种类、水文情况以及当地经验,确定结构组合与厚度。路面结构应该具有足够的强度,面层应平整、抗滑、耐磨,基层材料应具有适当的强度和水稳定性,处于潮湿地带及冰冻地区的道路应设垫层。

表3.2 独立慢行系统中的自行车道路路面宽度

土地利用	自行车道需求		
	设置需求		宽度需求/(m/车道)
	适宜步道数	最少步道数	
商业与工业用地	双侧设置		1.5
干道旁居住区			
支路旁居住区			
水系绿地周边	单/双侧设置		1.5~2.0

(3) 自行车公共租赁规划

为推动自行车的利用,国内外普遍兴起了公共自行车免费或租赁服务业务。公共自行车就是在某个区域内,每隔一定距离规划出一些停放自行车的地点,提供若干免费或租赁服务的自行车。通过公共自行车管理系统来管理这些租赁点的自行车,为该区域的自行车使用者服务。每辆自行车都单独有一个可以锁车的装置和读卡租车、还车的读卡器,供使用者以自助形式或在管理员协助下使用。租赁点布设内容如下。

① 生活型租赁系统。租赁点规划应根据市区自行车出行流量、流向来布设。同时对自行车出行量及出行比例较大的区域,在其内部自行车廊道内也应规划有自行车租赁点。近期规划点主要分布在地铁口、商业中心、公交枢纽站以及人流量较大的区域。中期增加租赁点服务范围,其布局主要设置于人流相对集中、出行需求量相对较大、自行车使用率相对较高的区域。后期主要是对第一、二阶段的站点分布进行完善,其布局主要设置于居住社区、大中院校、机关企事业单位等具有一定相对独立性地区,设置可具有一定弹性。

② 观光型租赁系统。与自行车游览专线配套实施,设立自行车旅游租赁系统,将各个旅游风景区通过自行车系统连接起来,形成特色的自行车网络体系。在游客去往旅游风景区的途中也可充分欣赏市区的景色。服务对象:观光、休闲人士等。采用技术:早期人工,中远期物联网技术。收费标准:为提高公共自行车的使用效率,避免少数人

恶意占用公共资源，可制定每天累计使用 1h 免费等相关规定。车辆规模：根据租赁店性质来设置。运营模式：市场化运作。

3.4 城市交通设施规划

3.4.1 照明设施规划

1. 照明标准

照明标准通常用水平照度和不均匀度来表示。水平照度是指受光面为水平面的照度，照度的单位为 lx（勒克斯），1lx 就是在 $1m^2$ 照射面上，均匀分布 1lm（流明）的光通量（引起视觉作用的光强度）。不均匀度是表示受光物体表面照度的均匀性系数，即最高水平照度和最低水平照度的比值。

照明标准的选取与道路等级、交通量大小、路面的反光性质、路灯的悬吊方式和高度有关。城市道路照明标准见表 3.3。公路一般不做照明设计，主要是通过设置反光标志、标线来增加道路的视线诱导性。在运输特别繁忙和重要的路段，其局部照明可参照城市道路照明标准。

表 3.3 城市道路照明标准

级别	道路类型	亮度		照度		眩光限制	诱导性
		平均亮度 $L_{av}/(cd/m^2)$	总均匀度 L_{min}/L_{av}	平均照度 E_{gv}/lx	均匀度 E_{min}/E_{av}		
I	快速路、主干路	1.5/2.0	0.4	20/30	0.4	严禁采用非截光型灯具	很好
II	次干路	1.0/1.5	0.4	15/20	0.4	不得采用非截光型灯具	好
III	支路	0.5/0.75	0.4	8/10	0.3	不宜采用非截光型灯具	好

注：① 表中平均照度值适用于沥青路面；对于水泥混凝土路面，可降低 30%；
② 表中各项数值适用于干燥路面；
③ 表中对每一级道路的平均亮度和平均照度给出了两档标准值，"/"的左侧为低档值，右侧为高档值；
④ 迎宾路、通向大型公共建筑的主要道路、位于市中心和商业中心的道路执行 I 级照明。

2. 照明系统的布置

照明布局应尽量发挥照明器的配光特性，以取得较高的路面度、满意的均匀度，并注意尽量避免产生眩光。

（1）平面布置

① 照明器在道路上的布置。沿道路两侧对称布置：适用于宽度超过 20m，行人和车辆多的道路上，一般可获得良好的路面亮度。沿道路两侧交错布置：适用于宽度超过 20m 的主要道路，这种布置在照度及均匀性方面都比较理想。沿道路中心线布置：适用于道路两侧行道树分权点较低、遮光较严重的街道，这种布置经济、简单、照度比较均匀，但易产生眩光，维修麻烦。沿道路单侧布置：一般适用于宽度在 15m 以下的道路，其特点是经济简单，但照度不均匀。弯道上布置照明器，在曲线外侧或两侧对称布置，在曲线半径小的弯道上应缩短灯距，坡道上照明器的布置要适当缩小间距。

② 照明器在交叉口的布置。T形交叉口：照明器多安装在道路尽头的对面，既有效地照亮了交叉口，又有利于驾驶员识别道路。十字形交叉口照明器通常安装在交叉口前进方向的右侧。铁路平交道口：照明器安装在前进方向的右侧。

(2) 横向布置

照明器一般布置在路侧带的绿带或分隔带的边上，灯杆竖立在侧石外 0.5～1.0m 处。照明器通过支架悬臂挑出，布置在道路上空，悬挑长度为 2～4m，但不宜超过安装高度的 1/4，灯具仰角不宜超过 15°。

(3) 照明器的安装高度和纵向间距

照明器的安装高度 h、纵向间距 L 和配光特性三者间的关系如图 3.10 所示。

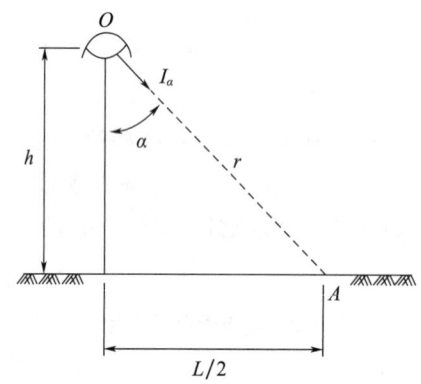

L—纵向间距；h—安装高度；O—光源点；A—位置点；r—光源 O 至 A 点的距离；α—光源 O 至 A 的连线与路面垂直方向的夹角；I_α—光源 O 在 α 方向的发光强度。

图 3.10 照明器的安装关系

路面上任意点 A 的水平照度 E_A 计算见式（3.1）

$$E_A = \frac{I_\alpha \cos\alpha}{r^2} = \frac{I_\alpha \cos^3\alpha}{h} \tag{3.1}$$

式中，符号意义同图 3.10。

照明器纵向间距一般为 30～50m，也可与电力线杆、电信线杆或无轨电车杆合杆设置。有条件时或城市重要的景观道路，应采用地下电力电缆和电信电缆，避免架空照明线和其他架空线与行道树的相互影响。城市道路灯具的设置位置还应注意与道路绿化的关系，避免过大的树冠遮挡照明。一般灯柱两侧各 5～8m 内不宜种植高大乔木，并应注意经常修剪有碍照明的枝叶，亦可调整绿化带与灯具的横向位置，设置多排道路灯具，避免相互干扰。城市重要建筑物前照明灯具的设置，应注意避免对出入建筑物的人流、车流以及城市景观造成影响。

3.4.2 停车设施规划

1. 停车需求

停车需求可以分为基本停车需求和社会停车需求，前者是个人车辆、单位车辆平常停放或者在夜间停放的场所，要求一车一位。社会停车需求与车主所需要进行的社会经济活动的频率有一定的关联，如办公、商业等建筑的停车需求，不仅需要满足包括从业人员车辆的停车需求，也需要一定程度上考虑外来车辆的临时停放。根据城市规划建设经验，国际上通行的车辆和车位的配比在 1∶1.2～1∶1.5，具体的车辆与停车位比例取决于该区域的交通的现状条件，以及该区域对交通的吸引强度。目前，中国城市多实行按建筑面积配置车位，公共建筑、住宅建筑有不同的要求，有些城市对住宅也采用按户配置车位的要求，如每户需要 0.5、1.0、1.5 个车位等。

2. 停车设施类型

停车设施类型按停车泊位与道路的关系分为停车带和停车场。停车带指利用道路一侧或两侧设置停车泊位的场所，多系临时停车，通常采用单边单排的港湾式布置，不设置专用通道；在交通量较大的城市次干路旁设置路边停车带时，可考虑设置分隔带和通道。停车场指道路外专门建设的露天地面停车场以及室内停车库（停车库包括地下或多层构筑物的坡道式和机械提升式停车库）。限于篇幅，下面主要论述停车场的规划内容。

3. 停车场规划

停车场是调节机动车拥有与使用的主要交通设施。停车位的供给应结合交通需求管理与城市建设情况，分区域、差别化供给。停车场按停放车辆类型可分为非机动车停车场和机动车停车场；按用地属性可分为建筑物配建停车场和公共停车场；按停车场的结构和车行方式，可分为自力行驶与机械输送两类，还可分为平面、立体两种方式。停车位按停车需求可分为基本车位和出行车位。

路内停车场一般设在车行道旁侧或路侧绿化带内，除住宅区街道的路内停车场可允许较长时间停车外，一般路内停车多系短时停车。路外停车场是指不占用道路的停车场、停车库。

配建停车场是指专为单位或机关使用的停车场，如办公大楼、工厂内部、公交公司、出租汽车等专用停车场。公共停车场为社会各类车辆提供停放服务，可分为外来机动车公共停车场、市内机动车公共停车场和自行车停车场三类。

（1）布局、需求和面积

① 布局原则。合理地规划停车场的分布地点，一般应考虑以下几个方面的内容。

a. 外来机动车公共停车场应设置在城市的外环路和城市的出入口道路附近，主要停放货运车辆。

b. 市内机动车公共停车场应靠近主要服务对象设置，其场址选择应符合城市环境和道路畅通的要求。

c. 对外交通枢纽所在地应设置停车场，如车站、码头、机场等。

d. 在人流大量集中的大型公共建筑物附近应设置停车场，如大型体育馆、剧场、大型商场附近等。

e. 市内机动车公共停车场停车泊位数的分布：在市中心和分区中心地区，应为全部停车泊位数的 50%～70%；在城市对外道路的出入口地区应为全部停车泊位数的 5%～10%；在城市其他地区应为全部停车位数的 25%～40%。

f. 机动车公共停车场的服务半径，在市中心地区不应大于 200m；一般地区不应大于 300m；自行车公共停车场的服务半径宜为 50～100m，并不得大于 200m。

② 停车需求总量。城市停车需求总量主要包括配建停车需求和社会公共停车需求两部分，宜为城市机动车保有量的 1.2～1.5 倍。社会公共停车需求总量宜为城市机动

车保有量的 20% 左右。停车泊位供应过多，则会诱增更多的小汽车出行需求，与交通需求管理目标背道而驰；反之，停车泊位供应较少，又会产生停车难矛盾，动、静态交通相互干扰。

③ 停车用地面积。城市公共停车场的用地总面积宜按规划城市人口每人 $0.5\sim1.0m^2$ 计算，规划人口数量为 100 万人及以上的城市宜取低值。机动车公共停车场用地面积宜按当量小汽车停车泊位数计算。地面停车场用地面积，每个停车位宜为 $25\sim30m^2$；停车楼和地下车库的建筑面积，每个停车位宜为 $35\sim40m^2$。非机动车每个停车位面积宜为 $1.5\sim1.8m^2$。机动车每个停车位的存车量以一天周转 $3\sim7$ 次计算；自行车每个停车位的存车量以一天周转 $5\sim8$ 次计算。

(2) 规划设计原则

城市停车场的设计原则包括以下方面。

① 停车场规划布局与规模应符合城市综合交通体系发展战略，与城市用地相协调，集约、节约用地，同时还应根据城市综合交通体系协调要求确定机动车基本车位和出行车位的供给，调节城市的动态交通。

② 应分区域、差别化配置机动车停车位，公共交通服务水平高的区域，机动车停车位供给指标应低于公共交通服务水平低的区域。

③ 机动车停车位供给应以建筑物配建停车场为主、公共停车为辅。公共停车场在全市应尽量均衡分布，配建停车场应紧靠使用单位布置。

④ 机动车停车场应规划电动汽车充电设施。公共建筑配建停车场、公共停车场应设置不少于总停车位 10% 的充电停车位。

⑤ 建筑物配建停车位指标的制定应符合规定：住宅类建筑物配建停车位指标应与城市机动车拥有量水平相适应；非住宅类建筑物配建停车位指标应结合建筑物类型与所处区位差别化设置，医院等特殊公共服务设施的配建停车位指标应设置下限值，行政办公、商业、商务建筑配建停车位指标应设置上限值。

⑥ 机动车公共停车场规划应符合规定：在符合公共停车场设置条件的城市绿地与广场、公共交通场站、城市道路等用地内可采用立体复合的方式设置公共停车场；规划人口规模为 100 万人及以上的城市公共停车场宜以立体停车楼（库）为主，并充分利用地下空间；单个公共停车场规模不宜大于 500 个车位；应根据城市的货车停放需求设置货车停车场，或在公共停车场中设置货车停车位（停车区）。

⑦ 机动车路内停车位属于临时停车位，其设置应符合规定：不得影响道路交通安全及正常通行；不得在救灾疏散、应急保障等道路上设置；不得在人行道上设置；应根据道路运行状况及时、动态调整；干路上原则不宜设置路内停车位，支路上可在车行非高峰时段设置路内停车位。

⑧ 非机动车停车场设置应符合规定：非机动车停车场应满足非机动车的停放需求，宜在地面设置，并与非机动车交通网络相衔接，可结合需求设置分时租赁非机动车停车位；公共交通站点及周边，非机动车停车位供给宜高于其他地区；非机动车路内停车位应布设在路侧带内，但不应妨碍行人通行；非机动车停车场可与机动车停车场结合设置，但进出通道应分开布设。

⑨ 在城市道路上设置的机动车出入口数应符合规定：当机动车停车数小于等于 100

辆时，如必须在主干路上设置有出入口的，则基地出入口总数不应超过1个，出入口均设置在次干路和支路上的，则基地出入口总数不应超过2个；当机动车停车数大于100辆、小于等于300辆时，如必须在主干路上设置有出入口的，则基地出入口总数不应超过2个，出入口均设在次干路和支路上的，则基地出入口总数不应超过3个；当机动车停车数大于300辆，且基地位于主干路与次干路，或与干路相交的道路，主干路上不应设置车辆出入口，且出入口总数不应超过3个，并应分别布置在主干路以外的不同城市道路上；主干路上必须设置有出入口的，出入口总数不应超过2个。

⑩ 机动车停车库的出入口应遵守以下规定：当停车数小于25辆时，宜设置双车道，受条件限制时，也可设置1个单车道的出入口，但必须完善交通信号和安全设施，出入口外应设置不少于2个等候客车位；停车数大于等于25辆且小于100辆时，应设置不少于1个双车道或2个单车道的出入口；停车数大于等于100辆且小于200辆时，应设置不少于1个双车道的出入口；停车数大于等于200辆且小于700辆时，应设置不少于2个双车道的出入口；停车数大于等于700辆时，应设置不少于3个双车道的出入口，并应进行交通服务水平评价，合理确定地下车库出入口数量；区域或相邻地块地下车库连通，或设置有地下公共通道的，应统筹考虑地下车库出入口设置数量，并应进行交通服务水平评价，合理确定地下车库出入口数量。

4 城市更新背景下的地下空间规划设计

4.1 城市地下空间的规划

4.1.1 城市地下空间规划的基本定义与任务

1. 城市地下空间规划的基本定义

城市地下空间规划，既有城市规划概念在地下空间开发利用方面的沿袭，又有对城市地下空间资源开发利用活动的有序管控，是合理布局和统筹安排各项地下空间功能设施建设的综合部署，是一定时期内城市地下空间发展的目标预期，也是地下空间开发利用建设与管理的依据和基本前提。

城市地下空间规划，也是国土空间规划体系中的一项内容。国土空间规划是国家空间发展的指南、可持续发展的空间蓝图，是各类开发保护建设活动的基本依据，在生态文明建设的时代背景下，"生态优先，节约优先，高质量发展"是国土空间规划的主旋律。根据《中共中央 国务院关于建立国土空间规划体系并监督实施的若干意见》（中发〔2019〕18号），地下空间规划作为专项规划，在其批准后纳入国土空间规划"一张图"。与其他类别的专项规划不同，地下空间规划并非按照某一类型专业设立，而是按照"地下"这个空间概念来界定的，因此其本身就是一项综合性很强的规划，几乎涉及国土空间规划的各个专业。

2. 城市地下空间规划的任务

地下空间规划的基本任务是通过对地下空间发展的合理组织，满足社会经济发展和生态保护的需求。中国现阶段城市地下空间规划的基本任务是保护和提升人居环境，特别是国土空间环境的生态系统。为我国的经济、社会、环境和文化的协调发展，提供可持续发展的条件，保障和创造舒适、健康、均衡的空间环境和社会环境。城市地下空间具体可概括为以下几个方面。

（1）约束、规范及引导地下空间建设活动

地下空间开发建设受约束于岩土介质，具有极强的不可逆性，建成后改造及拆除困难。同时，地下工程建设的初期投资大，而环境、资源、防灾等社会效益回报周期长，又很难定量计算。因此，地下空间规划需要以更长远的眼光、立足全局，对地下空间资源进行保护性开发，合理安排开发层次与时序，并充分评估其综合效益。因此，需要对其开发建设活动进行前期统筹、综合规划，并对其发展功能、规模、布局进行约束与规范，避免对城市地下空间资源和环境造成不可逆的负面影响。

（2）协调平衡城市地面、地下空间建设容量

地下空间与地面空间共同构成城市生活与功能空间，进行地下空间规划，即对城市

发展模式进行革新，使城市地上、地下统筹利用建设，平衡上下空间发展容量，将基础设施空间及不需要人类长期生活的设施空间，尽可能置于地下，以改善城市地面建设环境，更多地把阳光和绿地留用于人居生活，使城市发展功能在地上、地下得以重新分配和优化，使地上、地下建设容量平衡，使城市可持续健康发展。

（3）为城市地下空间开发建设管理提供技术依据

城市地下空间规划与城市规划一直是一项城市管理的公共政策。地下空间规划是城市规划的重要组成部分，是地下空间建设活动的约束手段，也是地下空间开发利用管理、制定管理政策的技术依据。

4.1.2 城市地下空间规划的原则

1. 开发与保护相结合原则

城市地下空间规划是对城市地下空间资源做出科学合理的开发利用安排，使之为城市服务。在城市地下空间规划过程中，往往会只重视地下空间的开发，而忽略了城市地下空间资源的保护。

城市地下空间资源是城市重要的战略资源，从城市可持续发展的角度考虑城市资源的利用，是城市规划的核心任务。因此，城市地下空间规划应该从城市可持续发展的角度考虑城市地下空间资源的开发利用。

保护城市地下空间资源要从多个方面加以考虑。首先，由于地下空间开发的不可逆性，在城市地下空间开发时，开发的强度应一次到位，避免将来城市空间不足时，再想开发地下空间时无法利用。其次，要对城市地下空间资源有一个长远的考虑，在规划时，要为远期开发项目留有余地，对深层地下空间开发的出入口、施工场地留有余地。当前，城市地下空间规划中，普遍把容易开发的广场、绿地作为近期开发的重点，而把相对较难开发的地块纳入远期或远景开发规划中。实际上，目前越难开发的地块，随着城市建设的不断展开，其开发难度也加大，有的甚至丧失开发可能性。因此，在城市地下空间规划时，应尽可能地将难开发的地下空间进行开发，而对容易开发的地块要适当考虑将来城市发展的需要，这也符合城市规划的弹性原则。

2. 地上与地下相协调原则

城市地下空间是城市空间的一部分，城市地下空间是为城市服务的。因此，要使城市地下空间规划科学合理，就必须充分考虑地上与地下的关系，发挥地下空间的优势和特点，使地下空间与地上空间形成一个整体，共同为城市服务。

地上、地下空间的协调发展不是一句空话，在城市地下空间规划时，首先，在对地下空间需求进行预测时，就应将城市地下空间作为城市空间的一部分，根据地上、地下空间各自的特点，综合考虑城市对生态环境的要求、城市发展目标、城市现状等多方面的因素提出科学的需求量。其次，在城市地下空间功能布局时，不要为了开发地下空间而将一些设施放在地下，而是要根据未来城市对该地块环境的要求，充分考虑地下空间的优势、地面空间状况、防灾防空的要求等方面的因素来确定是否放在地下。

3. 远期与近期相呼应原则

由于城市地下空间的开发利用相对滞后于地面空间的利用，同时城市地下空间的开发利用是在城市建设发展到一定水平，因城市出现问题需要解决，或为了改善城市环境，使城市建设达到更高水平时才考虑，因此，在城市地下空间规划时，有长远的观念尤为重要。城市地下空间规划必须坚持统一规划，分期实施的原则。另外，城市地下空间的开发利用是一项实际的工作，要使地下空间开发项目落到实处，就必须切合实际，因而在城市地下空间规划时，近期规划项目的可操作性就十分重要。因此，城市地下空间规划必须坚持远期与近期相呼应的原则。

4. 平时与战时相结合原则

城市地下空间本身具有较强的抗震、防风雨等防灾功能，具有一定的抵抗各种武器袭击的防护功能，因此城市地下空间可作为城市防灾和防护的空间，平时可提高城市防灾能力，战时可提高城市的防护能力。为了充分发挥城市地下空间的作用，就应做到平时防灾与战时防护相结合，一举两得，实现平战结合。

城市地下空间平时与战时相结合有两个方面的含义，一方面，在城市地下空间开发利用时，在功能上要兼顾平时防灾和战时防空的要求；另一方面，在城市地下防灾防空工程规划建设时，应将其纳入城市地下空间的规划体系，其规模、功能、布局和形态应符合城市地下空间系统的形成。

5. 综合效益原则

开发城市地下空间，其难度和复杂度要远远高于地面建设。在城市地下空间开发过程中，土地的征收与价格是其不可控的因素。若不计城市土地价格因素，仅单纯地从技术角度估算，地下开发要比地面开发付出更高昂的代价。在城市交通建设中，类型和规模相同的城市公共建筑，建在地下的工程造价比在地面上建的一般要高（不含土地使用费）。如要在地下空间保持满足人们活动要求的建筑内部环境标准，则需要通过各种设备辅助运行，其所耗费的能源比在地面上要多。

可以说，如果不考虑土地地价因素及特殊情况，无论是一次性投资还是日常运行费用，地下开发与地面建设在投资效益上无法竞争，但是开发地下空间所带来的综合效益却是地上建设无法替代的。因此，为了城市的整体效益，为了保护宝贵而有限的土地资源，需要对地下空间开发实行鼓励优惠政策，以促进其发展，并能充分发挥社会、经济的综合效益。

4.1.3　城市地下空间规划的内容

城市地下空间规划的基本内容是根据城市的经济、社会、环境的可持续发展需求，依据上位规划对本层次地下空间规划的要求，充分研究城市空间的自然、经济、社会和技术发展的条件，制定城市地下空间的发展战略，预测城市地下空间的布局和发展方向，按照环保和工程技术条件，综合安排城市地下空间的各项工程活动，提出近、远期地下空间建设引导措施。

城市地下空间规划的主要内容包括：收集、整理、分析基础资料，提出满足城市经济和社会发展的条件和措施；研究城市发展战略，预测地下空间的发展规模，拟定城市地下空间各项建设的经济技术指标；制定城市地下空间的布局，合理安排地下空间的空间位置和范围，并兼顾近、远期发展的协调；确定地下空间基础设施的规划原则；拟定城市地下空间的利用、改造原则、步骤和方法；确定城市新科技各项市政设施和工程措施的原则和技术路线；确定城市地下空间建筑设计的原则和要求；确定近、远期的建设时序计划,为安排近期重点项目的计划提供依据;提出保障空间规划实施的措施和步骤。

各个城市地下空间具有不同的性质,其地下空间规划具有不同的特点和重点,确立规划内容时,要从实际出发,既能满足城市发展的普遍性需求,又能针对不同城市的特点,确立地下空间规划的主要内容和办法。

4.1.4 城市地下空间规划的特点

城市地下空间规划的问题十分复杂,涉及城市发展的政治、经济、社会、环境、艺术和人民的生活,要充分认识到地下空间规划的特点。

1. 城市地下空间规划具有综合性的特点

城市发展的各种要素,如社会、经济、土地、人口等诸多要素,互为支撑,又相互制约。城市规划需要对城市发展的各种要素进行统筹安排,协调发展。而城市地下空间规划则是根据城市总体规划的要求,对一定时期内城市地下空间资源进行利用的基本原则、目标、策略、范围、总体规模、结构特征、功能布局、地下设施布局等的综合安排和总体部署。

所有地下空间规划涉及的问题,彼此紧密相关,不能孤立对待和处理。城市规划不仅反映某一单项工程的要求和发展计划,而且还会体现各项工程之间的相互关系,既要为各单项工程提供建设的方案和技术指标的依据,又要统一各单项工程在技术和经济指标之间的矛盾。所以,城市地下空间规划与各专业设计部门之间存在着广泛而密切的联系。我们在进行规划时,一定要有广泛而精确的规划知识,要将地上与地下、总体与局部统筹协调,实现全域空间的有机统一。

2. 城市地下空间规划具有政策性强、法制性突出的特点

城市规划与公共政策、公共干预密切相关,城市规划表现为一种政府的行为。人民政府和规划行政主管部门根据相关法律法规,行使城市规划行政管理权。世界上大多数国家的城市建设和管理,均是政府的一项主要职能,城市规划无不与行政权力紧密联系。在进行城市地下空间规划时,也必须遵循关于该类规划的法规体系。

城市地下空间规划主要依据的法律规范体系为:城乡规划法;城市规划实施行政法规;地方城市规划法规;城市规划行政规章;城市规划相关的法律法规;城市地下空间规划技术标准与技术规范;城市地下空间规划的规划文本。

3. 城市地下空间规划具有地方性的特点

每个城市都具有不同于其他城市的自然肌理、文化脉络等特质。城市地下空间规划的主要目的是促进城市经济、社会和生态的可持续发展,因此每一个地方的城市地下空间规划都需要因地制宜地编制。同时,规划的实施过程,也需要政府的监督和市民的参与。在进行地下空间规划编制的过程中,既要遵循城市规划编制的普遍规律,又要符合当地的自然、社会和历史条件,尊重当地市民的意愿,密切配合相关部门,让城市的各个部门和广大市民广泛参与规划编制和实施的全过程,保障规划成为政府进行宏观调控、保障经济和民生、保护地方环境的有力手段。

4. 城市地下空间规划具有长期性和时效性的特点

城市地下空间规划既要解决近期建设的问题,也要为今后一定时期内的地下空间进

行安排。但是，随着我国社会、经济的飞速发展，城市发展环境持续演变，影响城市发展的因素也在不断变化。新问题的出现需要及时调整规划的方向和目标。这就要求我们的规划要在实践中加以调整或补充，适应新形势的发展需要，使得城市的发展更趋于客观实际。所以，城市地下空间规划是城市地下空间的动态规划，是一个长期性、动态性的工作。

虽然城市地下空间规划需要根据形势的发展及时进行规划调整和补充，但是每一阶段编制的城市地下空间规划都是在该阶段城市的发展现状和生态环境的承载力基础上，经过严格的调查研究制定的，是一定时期内建设的依据。所以，城市地下空间规划一旦成为法规性文件，就必须保持其相对的稳定性和严肃性，只有通过一定的法定程序才能对其进行修改、调整和补充，任何个人、组织都无权随意对其进行改动。

5. 城市地下空间规划具有实践性

城市地下空间规划的实践性首先在于其目的是为城市建设服务，规划的编制要充分反映地下空间建设时间的问题，有很强的现实意义。其次在于在规划管理部门的监督下，按照规划编制来进行地下空间的建设活动是城市地下空间规划得以实现的唯一途径。同样，城市地下空间建设的实践也是检验规划编制是否符合客观要求的重要标准。

4.2 地下空间利用与竖向分层设计

4.2.1 地下空间的竖向分层

1. 地下空间布局的基本原则

在地下空间的发展历程中，许多国家根据自身的地质环境特点以及城市特点等形成了各自不同的地下空间划分。地下空间布局的基本原则如下。

① 可持续发展原则：以改善城市生态环境为目标，注重地上、地下协调发展，地下空间在功能上应混合开发、复合利用、提高空间效率。

② 系统综合原则：对规划和现有地下空间进行系统整合、合理分类，重点将地下公共空间、交通集散空间和地铁车站相互连通，提高使用效率，依法统一管理。

③ 以公共交通为骨架原则：以地铁线为开发利用的发展轴，以地铁站为开发利用的发展源，形成依托地铁线网，以城市公共中心为重点建立地下空间体系。

④ 近、远期统筹考虑原则：城市地下空间的开发与建设在很大程度上具有不可逆性，从前期决策到项目实施以及具体规划设计都要做出详细论证，减少建设的盲目性。

⑤ 竖向分层规划原则：竖向分层开发、分步实施，将地下空间开发利用的功能置于不同的竖向开发层、充分利用地层深度。

2. 地下空间竖向分层的基本原则

城市地下竖向分层的划分必须符合各项地下设施的性质和功能要求，分层的基本原则如下。

① 区别功能，人车分离。考虑人类活动的密集性，其竖向的分层利用应与土壤的热性能、地质层理、土壤成分相关，更重要的是与人类活动的适应程度相联系。其基本规律是深度越大，人活动的密度越低，此状况与物质和心理的舒适性相关。

② 城市浅层地下空间适合人类短时间活动和需要人工环境的内容，如出行、业务、购物、外事活动等。对根本不需要人或仅需要少数人员管理的一些内容，如贮存、物流、废弃物处理等，应在可能的条件下最大限度地安排在较深的地下空间。

③ 竖向层次的分层除与地下空间的开发利用性质和功能有关外，还与其在城市中所处的位置（道路、广场、绿地等）、地形和地质条件有关。

4.2.2 不同城市的地下空间竖向分层

1. 道路下的竖向分层利用

（1）道路下地下空间开发的特点

道路下地下空间的开发是城市地下空间开发的一个最主要部分。在道路下开发地下空间有以下特点。

① 道路本身是个线形网状结构。道路的这个特点决定了在道路下发展地铁、市政管线综合管廊、地下道路等呈线形的设施是合理的。

② 道路构成了城市的骨架，道路的这种骨架作用使得城市的人流、物流、信息流等围绕道路进行，因此这些人流、物流、信息流等的载体也应该沿道路进行，所以地铁、市政管线、综合管廊、地下道路等常常在道路下方通过。

③ 道路地下空间的障碍物较少，在开发过程中没有建筑桩点的影响，因此道路往往是地下空间开发的黄金宝地。日本的地下空间开发主要集中在对道路下的空间开发上。

④ 道路上部是个开敞的空间，这为地下工程的施工创造了便利条件。

⑤ 为了改善城市交通环境，在道路下兴建地下过街通道以及地下立交是解决交通问题的一个好方法，而这类设施本身作为道路交通的有机组成部分，能够显著提升运行效率。

（2）道路下地下空间开发的原则

道路地下空间的竖向布局目的与道路地上空间相同，都是合理安排各种设施，使道路地下空间能够成为一个高效运转的系统并且为未来向更深层次的开发预留空间。但是道路地下空间由于其现状设施相对复杂，并且受两侧建筑物的影响，其竖向布局原则存在一定的特殊性。

① 上下对应原则。道路承载着城市的交通，道路地下空间可以开发地下交通、物流设施和地上交通相辅相成，可实现多层次、立体化的交通物流功能。

② 均衡利用。道路作为城市公共空间有其特殊性。道路两侧的建筑会对地下空间的开发有一定的干扰，如果不能均衡利用就可能对以后的地下空间利用产生不利影响。如日本地下空间开发是以道路等公共空间的地下开发为中心，而两侧住宅的地下利用却是低水平状态。因此导致了城市地下空间利用的不平衡。

③ 分层开发。道路地下空间的功能较复杂。对其设计要预留使用领域和可能性，其功能包括综合管廊、多条地铁线路的交叉、地下快速路、地下物流等。这种多种功能的开发不可能一次到位。分层设计使得再开发成为可能，这也是地下空间集约使用的基本保障。

④ 相互避让。道路地下空间的设施较复杂，当多种设施同时存在时，设施会出现重叠现象。因此，道路地下空间的利用除了分层开发外，设施的使用权限和避让原则也

是竖向规划的重要方面。如市政管线是城市的生命线，所以当其他设施和市政管线在竖向上发生冲突时，在设计上其他设施需对市政管线进行避让。

(3) 道路地下空间的竖向分层及功能利用

道路地下空间的开发主要是市政和交通功能，其中又以交通功能为主，其开发趋势朝深层化、分层化的方向发展，开发利用价值不断被挖掘。

① $-15\sim0m$ 的浅层空间。这一层次地下设施通常采用由浅至深的布局方式，依次布置市政管线、地下步行道、综合管廊及浅埋地铁线路。此外，还可根据实际开发的需要适当布置地下道路、地下停车场、地下商业、人防工程等设施。市政管线布置应尽量处于人行道或非机动车道的下方。综合管廊可以布置在车行道下。地下步行道与市政管线有交叉时，应预留一定的覆土深度。地铁区间隧道和地铁车站上方有市政管线地下步行道、综合管廊等通过时，上方应预留一定的覆土深度，避免与之产生冲突。

② $-30\sim-15m$ 的中层空间。主要用以建造地铁区间隧道和地铁车站，在浅层空间地铁发展空间不足的情况下，地铁区间隧道应尽量安排在这一层。该层内还可根据实际开发利用的需要布置地下道路、地下停车场、综合管廊等设施。但仍应以地铁的开发利用作为优选设施，有冲突时其他设施应避让，往更深层次开发。

③ $-50\sim-30m$ 的次深层空间。主要为远期的地下空间开发设施做预留，如地下道路地下综合管廊、地下调节池等未来地下空间开发的设施。在上述浅层及中层空间开发饱和的情况下，也可在该层开发地铁轨道交通。

④ $-50m$ 以下的深层空间。预留为将来发展之用，用以建设地下道路、地下物流等系统。

2. 广场下的竖向分层利用

(1) 广场下地下空间开发的特点

广场是一个城市的象征，在地下设施安排上有以下特点。

① 城市广场是市民聚集休闲、娱乐、交往的场所，其开阔的空间、良好的绿化以及优美的环境吸引着市民驻足、观光，人流众多的特点决定了商业的旺盛需求，地下商业设施的开发应运而生。这不仅为市民提供了完善的服务，而且给广场创造了宜人的环境。

② 城市广场容易成为某个区域极具标志性的场所，也往往成为交通换乘的一个节点，因此便捷的交通必不可少。为了给聚集于此的众多市民提供一个便捷舒适的交通环境，地铁的建设就成为促成多元化交通的一个重要举措。同时，多元化的交通必然会产生大量的停车需求，因此，地下停车场也是一个重要方面。

③ 广场一般处于城市的繁华地段，周边的车流量大，因此，广场周边的道路容易隔绝市民与广场的联系，这种情况下修建地下步行道就成了解决问题的重要手段。

④ 广场地下空间具有体量大、地下管线等障碍物少的特点，因此适合开发一些单体规模比较大的地下设施。广场的周边往往是商业、商务发达地区，不仅对水、电有很大的需求，而且对环境也有很高的要求，因此适合将广场周边的变电设施、水库等大型单体建筑转入地下。

⑤ 广场绿地作为市民休闲娱乐的场所，相应的休闲娱乐设施需要配套，在广场绿地地下开发文化、娱乐、体育设施有利于广场绿地功能的完善和环境的保护，达到两者间的相互促进、相互发展。

(2) 广场下地下空间的竖向分层及功能利用

① －15～0m 的浅层空间。可以设置下沉式广场连接广场地上与地下的空间,形成上下部空间的和谐过渡带。通过布局地下步行道、地下商业、地下文化娱乐、地下体育等设施形成一个休闲的地下综合体空间,同时将地铁车站和地下停车场与地下商业设施进行整合。

② －30～－15m 的中层空间。一些大型的地下市政公用设施如地下变电站、燃气站、蓄水池等可布置在这一层面,减少因这些设施对城市带来的影响。在这一层中布局的地铁车站需要注意其与上部空间的联系。

③ －50～－30m 的次深层空间。在浅层与中层空间发展饱和的情况下,发展地下仓库和冷库等仓储设施,作为城市物资储备的空间。

④ －50m 以下的深层空间。预留为将来发展之用,用以建设地下物流等系统。

3. 绿地下的竖向分层利用

(1) 绿地下地下空间开发的特点

城市绿地作为城市整体形态的有机组成部分,在规划中应该使绿地地下空间与城市绿地的形态以及城市形态相协调,通过绿地地下空间功能的开发,可以为城市提供多项服务设施。

① 城市绿地由于环境宜人、舒适是市民休闲、度假、旅游的好去处,在其地下提供地下停车设施、地下文化、商业、娱乐和体育等公共设施,不仅可以大大方便市民,而且可以丰富城市绿地的功能,达到二者间的相互促进与协调发展。

② 从节省城市用地、美化城市景观考虑,可以将绿地周边的变电设施转入绿地下。在水资源缺乏的今天,还可以利用绿地下部建设地下水库,储存城市用水。

③ 地面仓储设施单体面积大,影响城市景观。适合在大块绿地的地下进行开发,开发利用中还可以考虑与远期建设的地下道路、地下物流系统组成一个系统。

(2) 绿地下地下空间的竖向分层及功能利用

① －15～0m 的浅层空间。在保证绿化基层的厚度和保证植物能正常生长的情况下,可以在绿化的地下设置地下文化、体育、停车场等设施。地下变电站、地下水库在一定情况下也可设置在这一层。

② －30～－15m 的中层空间。主要规划建设城市市政公用设施及能源仓储设施,如地下变电站、能源站、燃气调压站、地下水库、地下仓库、污水处理厂、垃圾中转站等。

③ －50～－30m 的次深层空间。在浅层与次浅层开发利用饱和的情况下,可做城市仓储功能的开发利用。

④ －50m 以下的深层空间。作为远期城市基础功能设施地下化的预留空间。

4.3 城市功能与地下空间竖向设计

4.3.1 城市功能的地下化趋势

随着地下空间资源的开发,城市的一些功能性设施逐步转移到地下,如市政设施、交通设施、防灾设施、商业设施、文化、体育、医疗、科研设施、居住设施、工作设施、仓储设施、生产设施等。城市功能的地下化趋势主要体现在以下几个方面。

1. 交通功能的地下化

城市面积越大,对机动交通的依赖度就越大,交通能耗就越多。开发利用地下空间有助于城市"瘦身",建设成"紧凑型"的城市结构,从而相对增加市民步行和骑自行车出行的比例。

目前,轨道交通的建设,对城市公共交通运输体系的发展起到了很大的作用。国外许多城市提出了城市道路的地下化发展,将城市快速路网置于地下,以减缓城市地面交通的压力,由于把产生汽车尾气的交通设施及产生污水、污液和噪声的设施放入地下,城市的环境也会大大改善。

2. 公共服务设施的地下化

以商业、文化、娱乐、体育、医疗等为主的公共服务设施的地下化为城市居民提供了更多公共活动的区域。再结合城市轨道交通的发展,形成了大型的TOD(Transit-Oriented Development,以公共交通为导向的开发)地下综合体。

3. 市政公用设施的地下化

把城市基础设施放到地下,特别是诱发城市脏、乱、差问题的设施,如污水和垃圾的集运和处理等。利用地下空间封闭独立的特性,降低这些设施对城市景观环境的影响,一定程度上,这些设施的地下化,能够减少占用城市用地,发展更多的城市公共环境。

除了上述三种城市功能的地下化以外,还有其他城市功能正在向地下转移,如城市的防灾减灾、仓储物流、能源环保等功能。城市的地下正在构筑一个庞大的网络体系,支撑和保障着城市的发展。由于地下空间资源开发的不可再生性,如何合理有效地开发各项设施,使这一地下网络系统有序地开发运作是地下空间重要的研究方向。

4.3.2 地下交通功能的竖向设计

地下交通系统是指一系列交通设施在地下进行连续建设所形成的地下交通体系和网络。地下交通功能的开发类型主要分为四类:地下轨道交通、地下道路、地下人行通道和地下停车场。在近二三十年中,地下交通功能的开发都有了很大的发展。尤其国外许多大城市,已经形成了完整的地下交通系统,在城市交通中发挥着重要作用。

1. 地下轨道交通竖向设计

地下轨道交通即地铁,地铁的建设深度没有一个明确的规定,在地下竖向布局的随意性很大,不同国家的城市地铁的深度不一、情况多样。其中,地铁的构成部分(地铁区间隧道和地铁车站)由于其功能和形态都不太相同,因此建设的深度也不尽相同。

(1) 区间隧道

区间隧道是地铁的最主要构成部分,地铁线路的大部分由区间隧道构成。区间隧道的一个主要功能就是提供列车运营的线路空间,因此它一般是一个与地面没有联系的封闭空间,这个特点决定了地铁的区间隧道可以修建在$-15 \sim 0$m的浅层,也可以修建在$-30 \sim -15$m以及$-50 \sim -30$m的中层和次深层。当前修建地铁区间隧道一般采用盾构法施工,这也使得区间隧道的深度与造价影响的关系变得不大,从而增加了区间隧道布置的可选择性。

以上的情况并不表明区间隧道可以在任意地下深度及区间隧道布置，最重要的一点要考虑与地铁车站的衔接。依据《地铁设计规范》（GB 50157—2013），正线的最大坡度宜采用30‰，困难地段最大坡度可采用35‰，在山地城市的特殊地形地区，经技术经济比较，有充分依据时，最大坡度可采用40‰；联络线、出入线的最大坡度宜采用40‰；区间隧道的线路最小坡度宜采用3‰；困难条件下可采用2‰；区间地面线和高架线，当具有有效排水措施时，可采用平坡。车站间的距离应根据现状及规划的城市道路布局和客流实际需要确定，一般在城市中心区和居民稠密地区1km左右为宜，在城市外围区应根据具体情况适当加大车站间的距离。在市区内区间隧道与地铁车站的深度相差不宜超过15m，因此在考虑区间隧道的深度时应结合地铁车站进行综合分析。由于地铁车站要考虑与地面空间的衔接，布置的深度一般以-15~0m的浅层空间为主，因此区间隧道适合建造在-15~0m的浅层空间和-30~-15m的中层空间。当地铁线路有地下路段也有地面路段时，区间隧道的布置还要考虑地铁走出地下与地面空间的和谐过渡，在这种情况下，区间的布置深度就不宜太深，一般以在-15~0m的深度为宜。

（2）地铁车站竖向设计

车站是地铁的核心部分，一个城市地铁的特色往往由车站得以体现，其重要性不言而喻。车站也是地铁建造费用的一个主要部分，据国内外轨道交通工程的造价分析，一般土建工程造价占总造价的50%~55%，而地铁车站又占到土建工程造价的40%~50%。车站建筑设计应简洁、明快、大气易于识别、适度装修，充分利用结构美，体现现代交通建筑的特点。地面、高架车站设计应因地制宜，尽可能减小体量和使其具有良好的空间通透性。

为了保证乘客方便进入地铁，车站的设置深度不宜太深，否则不仅容易造成建造成本的提高，而且能给人一种乘地铁不便的负面印象。为了保证地铁内外部的环境，使地下环境能与地面环境交融互换，引进自然风、自然光，同时在发生紧急事故的情况下能尽快地疏散人流、保障乘客的安全，这也要求车站的设置深度不宜太深。在-15~0m的浅层空间能满足车站布置的情况下，应尽量将车站布置在这一层面。在地铁交会处，不能满足上述要求的车站，可以布置在-30~15m的中层空间。

2. 地下道路竖向设计

地下道路的范围很广，理论上城市中的地下立交、越江隧道等都属于地下道路的范畴，现从道路的功能角度出发，将地下道路主要分为以下两类：地下到发道路和地下环路。

（1）地下过境、到发道路

地下过境、到发道路作为城市道路的组成部分，根据客流需求、工程技术条件、环境景观等因素统筹考虑规划布局。地下过境、到发道路最终会与地面道路相衔接，从形态布局看，地下过境、到发道路可广泛分布在城市的各个区域。在受地面控制要素、环境景观要求的地段可考虑使用地下道路。其作用主要体现在以下两个方面。

① 完善和补充地面高架道路系统。地面和高架快速路的出入口间距很短，对短途的交通有很强的吸引力，因此容易造成主线交通快速功能的弱化。地下过境道路可以彻底分离长途交通和过境交通，形成真正意义上的快速道路，不仅是对高架和地面道路的补充和完善，也符合现代大城市的交通需求。

②解决潮汐交通和出入城交通问题。城市出入城交通和城市的潮汐交通最大的特点就是产生交通问题的规律性强、产生的时间固定，并且交通流量大。地下过境道路可以成为该类交通流的专门通道，不仅有利于提高交通效率，而且可控性强，能够在固定时段内开通和关闭。例如，在高峰时段内开放高流量方向的交通服务，关闭低流量交通，形成单一方向交通流，更安全有效地解决了潮汐交通和出入城交通问题。

（2）地下环路

地下机动车环路是地下机动车交通系统的组成形式。由于具有相对的独立性，可以在合适的区域按照道路的使用功能和效果，研究地下环路的布局及对地面交通的影响。地下机动车环路主要有两大功能，即交通功能和连接功能。前者可以分担地面的交通压力，通过修建地下环路将地面空间用于公共交通及步行。后者可以将地下停车库等设施连接起来，将交通引入地下，有效解决车辆在地面寻找停车泊位时间过长的问题，并且将周边停车场整合成一个停车系统，最大化地利用已有停车设施。

按照前述的地下道路分类，结合各自特点可以对其深度安排做些分析。地下过境、到发道路的主要功能是完善和补充地面、高架快速道路系统的不足，分离过境交通，减轻地面和高架道路压力，弥补路网的缺失。此类地下道路的交通方向性较为明确，一般是全封闭状态，没有过多的分岔，与周边的地面衔接较少，这个特点决定了其可以往较为深层的地下空间发展，上部空间留待地铁、地下停车场等设施的发展。对于穿越江河、景区的地下道路，由于其地下空间开发强度一般不高，可以适当在较为浅层的空间布置。在通行车辆选择上，针对城市过境交通的地下道路，鉴于货运车辆占有很大的比重，需要考虑多种类型的车辆通行；而对于解决潮汐交通和出入城交通的地下道路，则可以考虑单独的小型客车通行。

地下环路的特点是设计车速较低，多作为承担城市次干道解决某一区域的交通矛盾。其与地面道路或地下停车场的衔接频繁、出入口众多，因此要考虑由于深度的增加而引起的出入口延伸占用大量用地的问题，宜在$-15\sim 0\mathrm{m}$的浅层布置。由于这类地下道路往往与地铁线路有重合，可以结合地铁的规划以及综合管廊、地下步行道的建设同时进行。在车辆选择上，考虑选择小断面空间，尽量少占用地下空间，以分流小型客车为主，因此一般只允许小型客车通行。

综合以上分析，地下过境、到发道路的布置深度宜在$-50\sim -30\mathrm{m}$的次深层和$-50\mathrm{m}$以下的深层空间进行开发，$-50\mathrm{m}$以下的深层空间预留为将来发展之用，用以建设地下物流等系统。地下环路则宜在$-15\sim 0\mathrm{m}$的浅层空间进行开发。

3. 地下人行通道竖向设计

地下人行通道顾名思义就是建在地下的步行通道，其主要功能就是交通连接，必要时也可以作为地下掩体。近年来，城市地区进行了大规模的区域开发，相应地需要有保证行人安全且较为舒适的通道。但是在交通密集的市中心，由于土地紧张，通过拓宽人行道来确保行人安全极为困难，而且当行人通过道路交叉口时也没有安全感，为解决此类矛盾就必须建造地下步行通道。

地下步行通道有两种类型：一种是供行人穿越街道的地下过街横道，功能单一、长度较小；另一种是连接地下空间中各种设施的步行道路，如地铁车站之间、大型公共建筑地下室之间的连接通道，规模较大时，可以在城市的一定范围内（多在市中心区）形成一个完整的地下步行通道系统。

地下步行通道的建设对城市具有以下几点作用。

① 改善城市的交通，在提高市区行车速度的同时显著降低了事故率，给行人足够的安全保障。

② 改善步行条件。在地下步道中行走，由于地下空间特有的温度稳定等特点，在夏季可以为行人提供清凉、冬季创造温暖的步行环境，而在雨天等情况下，还可以为行人遮风挡雨。

③ 地下步道的修建对城市面貌的改善起到了积极的作用。避免城市出现脏、乱、挤的情形。地下步行道由于主要供行人通过，因此深度不能太深，一般位于地下构筑物一层平面，深度不宜超过10m，否则对行人的通行会造成很大的困难。同时，由于地下步行道一旦建成就很难改建或拆除，因此最好与地下道路的改建同步进行，成为永久性的交通设施。

4. 地下停车场竖向设计

地下停车场是地下空间利用的一个重要方面。随着经济的发展，人们的购买力水平得到显著的提高，汽车已经成为人们生活的一部分，在一些发达国家汽车已经得到普及。汽车的普及加快了人们的工作和生活节奏，改善了出行的条件，是世界文明的一大进步。然而，与汽车数量的增长形成反差的是城市密度的增加，可用空间变小，停车难已经成为各大城市都必须面对的一个问题。在一些城市的市中心由于几乎没有什么可以利用的地面空间，土地价格昂贵，所以向地下要空间也是必然的趋势。

(1) 地下停车场的建设意义

地下停车场的建设具有很强的现实意义，具体体现在以下几点。

① 节省土地资源。停车场的特点是容量大，需要占用大量的土地资源，将其转入地下可以在增加停车容量的基础上不增加城市土地的占用。

② 停车场地布置灵活。地面停车场的建设需要划出大块的土地，并且这些土地往往是靠近商业商务中心的宝贵资源。而地下停车场的位置选择比较灵活，容易满足停车需求量大的位置要求。

③ 提高环境质量。地下停车场的建设可以使城市中心区在有限的土地上获得更高的环境容量，留出更多的开敞空间用于绿化和美化，有利于提高城市的环境质量。

④ 节约能源。在寒冷地区和炎热地区，由于地下空间的保温及温度较为稳定，地下停车场还可以节省能源。地下停车场有自走式、机械式和自走与机械兼用式三种。自走式是汽车自己出入车库并到达停车位，一般适用于大型的空间、开阔的大型停车场；机械式是使用电梯或升降机把汽车送到车位，一般适用于场地狭小的停车场；自走和机械兼用式是自走式车道和机械式停车空间相结合的形式，多用于规模较大的停车场。

(2) 地下停车场的特点

地下停车场的以下特点决定了它适宜建造在 $-15\sim0\text{m}$ 的浅层。

① 地下停车场体量大，一般呈块状分布。这种结构形式适合采用明挖法进行大面积的开挖，这个特点决定了它不能太深，否则工程量将成倍增加，经济效益也将打折。

② 从方便与路面衔接的角度出发也应该将其布置在浅层，建得太深不仅造成车辆进出地下停车场较为困难，而且给人心理上造成一种无形的压力，认为地下停车是一件

很麻烦的事。

③ 地下停车场的深度越深必然要求有相应长距离的出入口车道与其配套，这在寸土寸金的城市是较难实现的，而且一旦车道长度侵入道路，对交通组织将会造成极大的影响。

④ 地下停车场越深，车道越长。由于延长了车辆的上下坡距离就必然造成能源的浪费。

⑤ 停车场深度的增加必然造成建设成本的上升。

4.3.3 地下公共服务设施及竖向设计

1. 地下商业设施竖向设计

（1）地下商业设施的概念和形式

地下商业设施是对城市商业设施的完善和补充。随着城市规模的扩大和集约化程度的提高、商业开发环境的恶劣以及土地资源的紧缺，地下商业设施得到一定的发展，其规模也不断扩大。一般地下商业设施的规划和建设可以结合地铁车站、地下人行过街道等容易吸引人流的设施建设，也可以单独在建筑物底下进行开发。结合地铁车站、地下人行过街道等建设开发地下商业能够保证有足够的人流和服务需求。

（2）地下商业设施的功能

地下商业设施是城市建设发展到一定阶段的产物，也是在城市发展过程中所产生的一系列固有矛盾状况下解决城市可持续发展问题的一条有效途径。城市地下商业设施建设的经验告诉我们，城市空间容量饱和后向地下开发获取空间资源，可解决城市用地紧张所带来的一系列矛盾。同时，地下商业设施也承担了城市所赋予的多种功能，成为城市的重要组成部分。

① 交通功能。地下商业街选址在交通必经之地，缓解了地面道路的交通压力，具备通路性质。与交通结合，保证客流，经济效益显著。

② 购物功能。商业街的最终目的是商业。被交通引导的强制性人流经过琳琅满目的商品时，消费者的购物欲望被激发。

③ 景观功能。地下商业街一般内部景观优美，可充分发挥其景观功能，如大连的胜利广场，在风格多样的装修基础上设计了大量的街景，成为大连当地的一处旅游景观。另外，琳琅满目的橱窗和风格迥异的装饰风格也美化了地下空间环境。

④ 休闲功能。地下商业街服务配套设施逐渐完善。从公共座椅、背景音乐到冬暖夏凉的空调设计等一应俱全，且内部规划一定的餐饮、水吧等项目，是消费者茶余饭后的休闲胜地。

（3）地下商业设施的竖向布局设计考虑因素

地下商业设施的竖向布局设计主要考虑以下几个因素。

① 人流量的保证。地下商业设施的目的就是开展商业活动，人流量的多少对其影响很大。而地下商业设施附近便捷的交通对人流有着巨大的吸引力，因此地下商业设施宜结合地铁进行建造并且与地铁车站相连，这就要求地下商业设施应与地铁车站处于同一层面或者车站的上一层面。

② 商业环境的创造。一个好的商业购物环境对人流也有着巨大的吸引力，地下商业设施也应该创造出一个舒适宜人的空间，而这样的空间创造可以通过与地面空间的衔

接加以实现，通过自然采光、绿化等自然因素的引进，达到吸引人流的目的。这也要求地下商业设施的深度宜布置在$-15\sim 0m$的浅层空间。

③ 安全的保障。商业设施人流量大，而地下空间相对封闭，如何处理在发生紧急情况时人流的安全疏散就成了一个难题。地下商业设施布置得越深，人流就越不容易在短时间内疏散，因此，从安全角度出发也要求商业设施布置在$-15\sim 0m$的浅层空间。

综合以上分析，地下商业设施的最佳布置范围是位于$-15\sim 0m$的浅层开发空间。开发的途径宜结合地铁、商业办公建筑的建设以及城市改造进行，以此降低地下空间的开发成本。

2. 地下文化体育设施竖向设计特点

由于科学技术的提高和受城市土地资源紧缺的制约，作为公众活动载体的文化娱乐设施越来越多地修建在地下。文化体育建筑的体量都很大，当土地紧缺、地价昂贵或者地面建筑受到限制时，地下文化体育建筑就成为代替者。另外有一些设施客观上就要求建在地下，例如一些地下遗址和保护性的博物馆等。当然这种文化体育设施地下化是与地下空间的总体规划以及城市中心地区的综合开发结合起来的。目前，国内外已经建好的地下文化体育设施的种类有很多，数量也较为可观。随着城市人口的增多，相应的文化体育设施的需求也会增加。因此，在地下建造文化体育设施对缓解城市基础设施的压力、改善人们的生活具有重要的意义。

(1) 地下文化设施竖向设计特点

建造在地下的文化设施主要包括图书馆、展览馆、博物馆、美术馆等。它们之中有些在必要时可以作为核防空洞使用。有些则是巧妙地利用废旧的矿山建造的。这些地下建筑不是单纯凿空了基岩的地下空间，而是富有变化与多样性的独特的地下环境。

(2) 地下体育设施竖向设计特点

建在地下的体育设施种类繁多，除了包括排球馆、篮球馆、羽毛球馆、乒乓球馆、体操馆、游泳池等传统的体育设施外，还包括田径跑道、链球和铅球投掷场等各种原室外体育设施和训练设备，另外还有像冰球场那样能容纳大量观众的大型体育设施。将体育设施建在地下，同样可以不受气候和天气的影响，保证比赛环境的质量。但是需要良好的照明通风、防灾设施。地下文化体育设施往往是块状地下设施，需要较大的面积承载空间的需求，因此其建造位置一般选在建筑、广场和绿地底下，施工方式一般采用大规模的开挖方法，因此不宜建得太深。地下文化体育设施是为市民创造的公共空间，是一个有人空间，而且人们在其中所处的时间一般较长。这个特点决定了这类设施的安全性、舒适性要求很高，因此在通风、采光、人流疏散等方面需要下足功夫。这也侧面反映了这类设施的深度不宜太深，一般以$-15\sim 0m$的浅层空间为宜。

(3) 地下科教实验设施竖向设计特点

地下科教实验设施，由于其各类设施的目的和规模不同，其选址、空间形状、使用方法也大相径庭。地下空间具有封闭性和隔离性好等特点，许多研究都布置于地下。如无重力实验、地下结构研究、岩土力学研究、地下水动态研究等。

根据地下研究设施的特性，其适宜布置在相对独立的区域，如山体、海底及其他远离城市生活的区域，并且其地下布局应根据各设施的自身特性进行地下开发，深度可能在地下任意区域。

(4) 地下展览展示设施竖向设计特点

地下展览展示设施的开发在很大程度上是结合地面展览展示建筑进行综合开发的。如广州市海心沙地下空间（2010年广州亚运会开幕式场地）的改造，在地下1、2层展厅展示城建档案，地下3、4层为地铁站厅站台层，总深度为22.6m；增加配套设施（如地下停车场），为市民提供便利，改造后的海心沙地块保持市民公园、市民广场和开放空间的定位。综合来说，地下展览展示设施适宜布置在－10～0m的浅层空间。部分展示设施应根据设计需要，可在－15～－10m的空间进行布置。

4.3.4 地下市政公用设施及其竖向设计

1. 地下市政管线竖向设计

地下市政管线主要包括给水管线、排水管线、污水管线、燃气管线、热力管线、电信管线和电力管线。当市政管线竖向位置发生矛盾时，宜采用下列规定：压力管线让重力自流管线；可弯曲管线让不易弯曲管线；分支管线让主干管线；小管径管线让大管径管线。

关于市政管线竖向设计：市政管线在道路下面的规划位置，应布置在人行道或非机动车道下面；电信电缆、给水输水、燃气输气、污水、雨水排水等工程管线可布置在非机动车道或机动车道的地下空间。

2. 地下综合管廊竖向设计

(1) 综合管廊的优点

① 确保道路交通功能的充分发挥。综合管廊的建设可以避免路面反复开挖，降低路面维护保养费用，增强路面的耐久性，确保道路交通功能的充分发挥。

② 综合利用道路空间。由于道路的附属设施集中设置于综合管廊内，不仅可以节约使用面积，在一定程度上还可以缓解道路地下空间利用的紧张情况，增强道路空间的有效利用。

③ 确保生命线的稳定安全。由于综合管廊内设有巡视、检修空间，维护管理人员可定期进入综合管廊进行巡视、检查、维修管理，因而可以确保各种生命设施的稳定安全。

④ 保护城市环境。电力线、通信线、有线电视线三线下地，不仅可以消除步行者的许多障碍，而且可以美化城市环境、创造良好的市民生活环境。

⑤ 增强城市的防灾抗灾能力。即使受到强烈的台风、地震等灾害，城市各种生命线设施由于设置在综合管廊内，因而可以避免过去由于电线杆折断、倾倒、电线折断而造成的二次灾害。

(2) 综合管廊的分类

综合管廊按其特性与功能可以分为干线综合管廊和支线综合管廊。

① 干线综合管廊。干线综合管廊是介于输送原站（如水厂、发电厂、燃气制造厂等）至支线综合管廊的管道，它不是直接为沿管道地区服务为目的的管道，因此大多设置在道路中央下方。对干线综合管廊的要求有：能稳定且大量地输送；具有高度的安全性；兼顾而且同时可以直接供应到使用量较大的用户；尽量减少干线综合管廊的内空断面；安装、管理和维护力求简化等。

② 支线综合管廊。支线综合管廊是指介于干线综合管廊和直接用户管之间的管道。容纳各种管线的支管大多设置于道路人行道下，支管再与接户线衔接，满足用户各项需求。支线综合管廊的特点有：内空断面较小；特殊设备不多；施工费用较少；管理和维护较为复杂等。

（3）综合管廊的竖向设计特点

结合上述所列综合管廊的特点，干线综合管廊原则上应设置于道路中心车道地下空间，其中心线的平面线形应与道路中心线一致，但可视具体情况做适当的调整。支线综合管廊原则上宜设置在人行道地下空间。综合管廊为线形构筑物，其布置原则上应沿道路线路进行，布置深度原则上能浅则浅。考虑由于深度增加而造成建设成本的增加，以此节省造价以及方便接入用户，因此－15～0m 的浅层空间是其布置的最佳位置，当这一空间不能满足时也可以往更深处发展。

综合管廊覆土深度一般标准段应保持 2.5m 以上，以利于横越其他管线或通过构造物。特殊段的覆土深度不得小于 1m，而纵向坡度应维持在 0.2% 以上，以利管道内排水。规划时应尽量将开挖深度降到最小。当干线综合管廊与其他地下埋设物相交时，其纵断面线形常有很大的变化，为维持所收容各类管线的弯曲限制，必须设缓坡作为缓冲区间，其纵向坡度不得小于 1∶3（垂直与水平长度比）。当综合管廊在绿化地块下穿过时，其在绿化面下至少要保持 2.5m，以避免影响植物生长。

4.4 城市地下空间的连通与整合设计

城市空间是一个三维立体的空间，随着城市地下空间的发展，城市的三维立体空间从原来的水平发展、垂直向上发展两个方向又增添了垂直向下发展的趋势。如何把城市地下空间与地上空间有机统一地整合在一起，使其成为一个完整的系统是地下空间开发利用的重要命题。

系统化的设计理念，就是通过功能布局、交通流线、开放空间、生态系统、文化意象等各要素的综合交叉和联结渗透，使各项功能设施成为一个有机整体，从而实现城市空间的立体化发展。从系统的角度来看，首先城市地上空间是一个既有的城市系统，而城市地下空间的开发本身也应形成一个完整的系统。地下空间的系统又是依附于城市地上空间的系统，二者之间应形成功能互补。地下空间开发利用其实是地上空间的部分设施的地下化发展，通过地下空间的开发利用来解决城市发展目前面临的问题。本节内容主要从地下空间的连通设计及整合设计两部分来分析如何使地下空间的开发利用成为一个有机、统一的整体。

4.4.1 地下空间的连通设计

1. 轨道交通车站与周边地下空间设施的连通设计

轨道交通车站是城市轨道交通网络的重要节点，其形式有地下站厅和地面站厅两种形式，与地下空间连通设计相关的主要是站厅层位于地下的轨道交通车站。周边地下空间是指与轨道交通地下车站相邻的具有独立使用功能并形成独立防火分区的其他类型的地下空间。

(1) 轨道交通车站与周边地下空间设施连通的类型

轨道交通车站与周边地下空间设施连通的类型可分为"适宜"和"不适宜"两类。其具体情况如下所述。

① 适宜的类型。

a. 地铁车站周边的其他公共交通枢纽，包括大、中型公交枢纽站、轮渡站、长途客运站、火车站、机场等，宜与车站直接在地下连通。

b. 地铁车站周边的大、中型地下机动车和慢行交通停车场，宜与车站直接在地下连通，以鼓励绿色出行方式的发展。

c. 人流密集的商业区、办公区，或其他城市重点区域，建筑物的地下空间宜与地铁车站连通，以共同形成区域性地下步行交通系统。且地下步行交通系统内公共属性最强的部分（步行枢纽区）应最优先与车站连通。地铁车站周边的各个地下商业设施，包括地下商场、地下商业街等，在业主有意愿的前提下，政策支持、鼓励其与地铁车站连通。

d. 地铁车站周边的地下文化设施，包括地下体育馆、地下展览馆、地下图书馆等，宜与车站直接在地下连通。

e. 地铁车站周边的地下民防设施，宜与车站直接在地下连通。

② 不适宜的类型。

a. 地铁车站周边的医院，不宜与地铁车站在地下直接连通。如兼具民防功能或有特殊功能要求，可考虑预留连通条件。

b. 地铁车站周边的地下机动车道、地下市政管网系统、地下设备用房、地下仓储用房等，不宜与地铁车站连通。

(2) 轨道交通车站与周边地下空间设施连通的方式

轨道交通车站与周边地下空间设施的连通方式，按二者在地下的空间关系（分水平方向和垂直方向的不同关系），分为五种：通道连通、共墙连通、下沉广场连通、垂直连通和一体化连通。

① 通道连通。通道连通是指地下车站与周边地下空间在水平方向上存在一定距离，二者之间通过一条或几条地下通道相连通。连接通道的功能定位主要分为两种：纯步行交通功能的通道；兼有商业服务设施的通道。

② 共墙连通。共墙连通是指地下车站与周边地下空间在水平方向上贴合在一起，二者共用地下围护墙，通过共用围护墙上开的门洞，实现连通。

③ 下沉广场连通。它是指地下车站与周边地下空间之间设下沉广场，通过下沉广场实现二者之间的连通。

④ 垂直连通。垂直连通是指地下车站与周边地下空间呈上下垂直关系，二者通过垂直交通（电梯、自动扶梯、楼梯）实现连通。

⑤ 一体化连通。一体化连通是指地下车站被周边地下空间包围或者半包围，二者作为一个整体，同时规划、设计、建设。一体化连通是上述四种连通方式的综合运用，在设计上应遵从以上连通方式的所有技术要求。

(3) 轨道交通车站与周边地下空间设施连通的设计要求

① 规划设计要求。轨道交通车站与周边地下空间设施连通的规划设计主要分为三

个层面：专项规划、控制性详细规划和城市设计（修建性详细规划）。

a. 专项规划层面，主要从总体层面提出地下空间连通的原则和建设方针，研究确定城市地下空间连通的适宜性，统筹安排近、远期地下空间开发建设项目，并制定各阶段地下空间开发利用的发展目标和保障措施。

b. 控制性详细规划层面，主要是对规划范围内轨道交通车站与周边地下空间是否连通以及连通的功能要求、平面位置和长、宽、高度等要素提出强烈性和指导性的规划控制要求，为地下空间开发的项目设计以及城市地下空间的规划管理提供科学依据。

c. 城市设计（修建性详细规划）层面，主要是落实地下空间总体规划的意图，结合地区控制性详细规划，对地下空间的平面布局、竖向标高、公共活动、景观环境、安全影响等进行深入研究，提出地下空间连通的各项控制指标和其他规划管理要求。

② 建筑设计要求。a. 根据地下车站与周边地下空间的相对空间关系、建设时序、地下管线和地下构筑物情况、周围城市环境、内部步行流线的组织等因素，确定适宜的连通方式及连通点的位置。

b. 合理预测连通后产生的客流量，连通设施的建设规模应与客流预测相匹配、保证乘客出行安全、集散迅速，便于管理，并具有良好的通风、照明、卫生、防灾等设施。

c. 地下综合体的内部空间不宜过于复杂，宜体系简单，方向感良好。

d. 连通设施宜实现无障碍通行。

e. 地下车站与周边地下空间相连通的层面，埋深宜浅，以利于疏散。

f. 连通工程应满足防火、人防设计中要求的隔离性、密闭性。

2. 地下综合体（地下街）与周边地下空间设施的连通设计

我国对地下街的定义为修建在大城市繁华的商业街下或客流集散量较大的车站广场下，由许多商店、人行通道和广场等组成的综合性地下建筑。地下街已从单纯的商业性质演变为包括多种城市功能、交通、商业及其他设施的相互依存的地下综合体。地下街应包含这样一些内容：必须有步行道或车行道；要有多种供人们使用的设施；要具有四通八达或改变交通流向的功能。城市地下街按其功能具体可划分为地下商业街、地下娱乐文化街、地下步行街、地下展览街及地下工厂街等。

(1) 地下综合体（地下街）与周边地下空间设施连通的类型

① 多条相邻地下街之间宜相互连通，以组成复合型的地下综合体，当若干个地下综合体通过轨道交通连接在一起时，便能形成更大规模的地下综合体群，发展成为地下城。

② 地下综合体、地下街与相邻铁路、地铁站等交通枢纽站之间宜相互连通。

③ 周边公共建筑物的地下设施，如地下商业、地下停车场宜与地下综合体、地下街连通。

(2) 地下综合体（地下街）与周边地下空间设施连通的方式

地下综合体与周边地下空间的连通方式与轨道交通车站与周边地下空间设施的连通方式相同。其主要为通道连通、共墙连通、下沉广场连通、垂直连通和一体化连通五种方式。

(3) 地下综合体（地下街）与周边地下空间设施连通的设计要求

① 地下综合体与周边建筑、广场、绿地等结合设置时，宜与地下过街道、地下街

其他公共建筑物的地下层相结合或连通。如兼作过街地下通道时，其通道宽度及其站厅相应部位应计入过街客流量。同时应设置夜间停运时的隔离措施。

② 地下综合体与公共交通功能或综合交通枢纽单元直接连通。公共人行通道、人行楼梯、自动扶梯的通行能力应按交通单元的远期超高峰客流量确定。超高峰设计客流量为该交通功能单元预测远期高峰小时客流量或客流控制时期的高峰小时客流量乘以1.1~1.4的超高峰系数。

③ 地下综合体与周边地下空间设施连通时，公共交通、综合交通枢纽、市政等功能单元的防火系统需独立设计。

④ 商业、观演、体育等人流密集的功能单元，在火灾情况下不得利用连通公共交通或综合交通枢纽通道的出入口通道等作为人员疏散的出口。

地下公共步行交通系统与周边地下空间设施的连通主要是通过地下步行交通系统来打造一体化的地下公共空间，通过完善的地下网络，更好地实现人车分流的目标。

3. 地下公共步行交通系统与周边地下空间设施连通设计

(1) 连通形式

根据地下公共步行交通系统的功能，地下公共步行交通系统与周边地下空间设施连通的形式主要有两种。

① 专用的地下公共步行连通通道与周边地下空间设施连通。该形式的公共步行通道功能单一，主要通过步行交通系统来串联各地下空间设施。

② 功能复合的地下公共步行交通系统与周边地下空间设施的连通。所谓功能复合是指除了通道本身的公共步行功能以外，还有商业服务等功能的步行通道。

(2) 平面布局原则

地下公共步行交通系统与周边地下空间设施的连通设计的平面布局原则主要有以下几点。

① 以整合地下交通为主的原则。从城市中心区发展的趋势来看，以地铁和地下停车库为代表的地下机动车动静态交通体系是发展的趋势。通过地下公共步行交通系统来整合地下空间能够更好地实现地上地下多种交通方式之间的换乘，提升城市整体的交通效率。

② 体现城市功能复合的原则。地下公共步行交通系统除提供步行交通功能之外，同时也集聚一定的社会活动（如商业、娱乐、艺术等），一个完善的地下公共步行交通系统是需要有充足的人流来体现其活力的，否则会让人在其中缺乏安全感。因此，在地下公共步行交通系统的布局中往往把一些其他城市功能与其相结合（如与商业结合形成地下商业步行街）。这样不仅可以将人流吸引到地下，还可以充分发掘这些人流潜在的商业效益，因此在地下公共步行交通系统平面布局中应遵循体现这种城市功能复合的原则。

③ 力求便捷的原则。地下公共步行设施的首位功能还是通勤，如果其不能为行人创造内外通达进出方便的通行条件，就会失去其设计的最初意义。在高楼林立的城市中心区，应把高楼楼层内部设施（如大厅、走廊、地下室等）与中心区外部步行设施（如地下过街道、天桥、广场等）衔接，并通过这些步行设施与城市公交车站、地铁站、停车场等交通设施相连，共同组成一个连续的、系统的、完善的城市交通系统。

④ 环境舒适宜人的原则。现代城市地下公共步行交通系统通过引入自然光线、人工采光及自然通风与机械通风系统结合等技术手段，使地下步行环境得到很大的改善，已经不是人们传统印象中单调、黑暗的地下通道。通过这些手法使地下公共步行交通系统的平面布局更加灵活多变，因平面布局的丰富化也使地下空间更富有层次和变化，地下空间的品质得到提升，从而吸引更多的人流进入地下空间。

⑤ 重视近期开发和长远规划相结合的原则。地下公共步行交通系统不是一下形成的，而是一个长期积累和综合发展的过程，如蒙特利尔地下城是加拿大蒙特利尔威尔玛丽区的一个地下商业街，始建于1962年，地下步行交通系统历经几十年的建设，才有地下城的美誉。因此，在地下公共步行交通系统建设时应根据城市发展的实际情况确定近期建设目标，同时考虑远期与地下公共步行交通系统之间的衔接。为此地下公共步行交通系统平面布局应反映系统形态发展的趋势。

(3) 平面布局模式

地下公共步行交通系统从平面构成要素的形态来看，主要是由点状和线状要素构成的。由于所组成的城市要素有其各自性质和特征，在系统中的作用和位置互不相同，相互联系的方法和连接的手段也趋于多样，地下公共步行交通系统的平面布局模式有多种。陈志龙和诸民二位学者在《城市地下步行交通系统平面布局模式探讨》一文中将地下步行交通系统的布局模式概括为四种：网络串联模式、脊状并联模式、核心发散模式及复合模式。这里参考这四种模式来阐述地下公共步行交通系统与周边地下空间设施的连通设计和平面布置模式。

① 网络串联模式。网络串联模式是指在地下步行交通系统中，以若干相对完善的独立节点为主体，通过地下步行街、步行道等线形空间连接成网络的平面布局形态。其主要特点是在地下步行网络中的节点比较重要，它既是功能集聚点，同时也是交通转换点。因此每个节点必须开发其边界，通过步行道将属于同一或不同业主的节点空间连接整合，统一规划和设计。任何节点的封闭都会在一定程度上影响整个地下步行交通系统的效率和完善性。这种模式一般出现在城市中心区中，将各个建筑的地下具有公共性的部分建筑功能整合成系统。其优点在于通过对节点空间建筑的设计，可以形成丰富多彩的地下空间环境，且识别性、人流导向性较好，但其灵活性不够，应在开发时有统一的规划。

② 脊状并联模式。这种模式指以地下步行道（街）为"主干"，周围各独自节点要素分别通过"分支"地下连通道与"主干"相连。其主要特点是以一条或多条地下步行道（街）为网络的公共主干道，各节点要素可以有选择地开发其边界与"主干"相连。一般来说，主要地下步行道由政府或共同利益业主团体共同开发，属于城市公共开发项目，以解决城市区域步行交通问题为主，而周围各节点在系统中相对次要。这种模式主要出现在中心区商业综合体的建设中。其优点是人流导出性明确，步行网络的形成不必受限于各节点要素。但其识别性有限，空间特色不易体现，因此要通过增加连接点的设计来进行改善。

③ 核心发散模式。核心发散模式是指以一个主导的节点为核心要素，通过一些向外辐射扩展的地下步行道（街）与周围相关要素相连形成网络。其主要特点在于核心节点是整个地下步行网络交通的转换中心，同时在很多情况下也是区域商业的聚集地，核

心节点周围所有节点要素都与中心节点有联系。

相对而言，非核心节点相互之间联系较弱。这种模式通常在城市繁华区广场、公园绿地、大型交叉道路口等地方，为了给城市提供更多的开放空间，将一些占地面积较大的商业综合体利用地下空间进行开发，同时通过区域地下步行道（街）同周围各要素方便联系。其优点体现在功能聚集，但人流的导向性差、识别性也比较差，必须借助标识系统和交通设施的引导。

④ 复合模式。城市功能的高度集聚，使地下步行交通系统内部组成要素比以前更加丰富。以追求效率最大化为目标，在地下步行交通系统开发中，表现为相近各主体和相应功能的混合开发方式趋于复合。复合模式体现在地下步行交通系统的平面中就是以上三种平面模式的复合运用。在不同区域，根据实际情况采用不同的平面连接方式，综合三种模式的优点，建立完善的步行交通系统。目前，相当一部分具有一定规模的步行交通系统都是各种方式的复合利用。

4. 重点片区人防工程设施之间的连通设计

我国早期的人防工程，由于受当时战争形态和经济的制约，大部分工程设计和施工水平较低，且大多没有考虑连通的问题，工程之间相互独立。修建人防工程与地下空间之间的连接通道或干道工程，以连接城市各类人防工程和地下空间。作为城市全面受灾时人员相互转移的主要通道，将对人员主动防护起重要作用，并提高了城市的综合防空防灾能力。

(1) 重点片区人防工程设施之间连通的类型

根据人防工程设置连通口的必要性和可行性的分析，连通口的类型总结如下。

① 对于全埋式人防地下室，如果顶板覆土不太厚，底板埋深不超过5m宜设置连通口。此类连通口，应安装向连通口一侧开启的防护密闭门，防护密闭门应按照人防工程的防化及防护等级设置。

② 专业队掩蔽所、指挥所、人防救护站宜设连通口。此类场所设置连通口具有重要的战略作用，连通口应按更高防护等级的设计要求来设计，设计人员应引起足够重视。

③ 位于地下二层及以下层的人防工程，不宜设置连通口。此类人防工程埋深大，加上各种城市管网分布复杂，地下不可知因素较多，而此类人防工程数量相对较少。无论要实现相近深度人防工程的连通，还是要实现与埋深较浅的人防工程的连通都相当困难。既然实现连通的可能性很小，且设置连通口弊大于利，故不建议设置连通口。

④ 对于埋深小、半埋式人防地下室和6B级人民防空地下室不宜普遍设置连通口，应因地制宜综合考虑。此类人防工程一般分布在居住小区，多位于砖混结构房屋之下，分布密集，防护级别偏低。

(2) 人防工程设施之间连通的技术要求

①《人民防空地下室设计规范》（GB 50038—2005）规定：根据战时及平时的使用需要，邻近的防空地下室之间以及防空地下室与邻近的城市地下建筑之间应在一定范围内连通。

② 相邻抗爆单元之间应设置抗爆隔墙。两相邻抗爆单元之间应至少设置1个连通口。在连通口处抗爆隔墙的一侧应设置抗爆挡墙。

③ 两相邻防护单元之间应至少设置 1 个连通口。在连通口的防护单元隔墙两侧应各设置一道防护密闭门。

④ 当两相邻防护单元之间设有伸缩缝或沉降缝，且需开设连通口时，在其防护单元之间连通口的两道防护密闭隔墙上应分别设置防护密闭门。

⑤ 在多层防空地下室中，当上下相邻两楼层被划分为两个防护单元时，其相邻防护单元之间的楼板应为防护密闭楼板。其连通口的设置应符合下列规定：当防护单元之间的连通口设在上面楼层时，应在防护单元隔墙的两侧各设一道防护密闭门；当防护单元之间的连通口设在下面楼层时，应在防护单元隔墙的上层单元一侧设一道防护密闭门。

从近年来人防工程的发展趋势来看，单独建立的地下人防工程已相对较少，更多的是在地下设施的开发中考虑人防兼顾。遵循平战结合的原则提升地下空间的使用效率，如地下车库的人防兼顾、综合管廊的人防兼顾等。该类型的人防工程设施的相互连通，则主要是在地下设施连通本身的原则和技术要求上考虑兼顾人防的功能，提升地下空间的区域化防灾水平。

综合管廊与沿线开发建设地块的连通主要涉及两个方面：综合管廊与地块供给上的连通；综合管廊作为应急疏散通道与周围设施的连通即兼顾人防的综合管廊设计。

5. 综合管廊与沿线开发建设地块连通设计要求

（1）规划方面的要求

综合管廊工程规划应集约利用地下空间，统筹规划综合管廊内部空间，协调综合管廊与其他地上、地下工程的关系。综合管廊应与地下交通、地下商业开发、地下人防设施及其他相关建设项目相协调。

（2）设计方面的要求

综合管廊管线分支口应满足预留管线数量、管线进出、安装敷设作业的要求。相应的分支配套设施应同步设计。综合管廊设计时，应预留管道排气阀、补偿器、阀门等附件安装、运行、维护作业所需要的空间。综合管廊与其他方式敷设的管线连接处，应采取密封盆防止差异沉降的措施。综合管廊的每个舱室应设置人员出入口、逃生口、吊装口、进风口、排风口、管线分支口等。以上管廊的连通口及管廊露出地面的构筑物还应满足城市防洪要求，并采取防止地面水倒灌及小动物进入的措施。其中人员逃出口宜与逃生口、吊装口、进风口结合设置，应不少于 2 个。

（3）兼顾人防的技术要求

在综合管廊能够满足人民防空的一定要求下，可通过适当增加与周边地块地下空间设施的地下连通道，在各预留连通口部辅助装备临时通风设备，来满足战时临近建筑及地下空间设施人员临时应急疏散通道使用。主要在原有综合管廊设计中增加地下连通口的规划设计，对接入接出管线孔口防护、电气及消防设施等进行针对性兼顾人防的防护技术措施研究与补充设计。

4.4.2 地下空间的整合设计

整合是对建筑环境的一种改造，是一种手段和方法，是策划与设计，是一种行动，从某种意义上说是从环境出发对人们生理、心理的调整。作为规划师，建筑师在城市设计中，通过整合创造一种优良环境，构建高效能的物质空间，以达到精神文化、艺术表现和物质的、美学的、生态的多维平衡。整合机制的层次主要分为三类：实体要素的整合；空间要素的整合；区域要素的整合。从地下空间不可逆的开发特性来说，整合对地下空间的开发更为重要。地下空间的整合设计主要包括地铁车站区域的整合设计和地下综合体的整合设计等内容。

1. 地铁车站区域的整合设计

（1）地铁车站区域整合设计的功能

以地铁车站区域地上、地下的城市功能来分析，把地铁车站区域整合的功能分为三大类来阐述：与其他城市交通功能的整合、与其他城市建筑功能的整合及与城市其他功能的整合。

① 与其他城市交通功能的整合。地铁车站作为城市地下交通系统中重要的立体化开发节点，是多种交通工具之间转换的直接结合点，通过地上与地下空间的整合开发，形成集铁路、公交汽车、自行车库、停车场、步行交通系统等多种交通设施综合开发的TOD立体交通枢纽。再结合地铁车站本身形成地下过街通道、地下建筑之间的连接通道，公共交通之间的换乘通道等，建立高效的地铁与其他交通工具之间的换乘系统。

② 与其他城市建筑功能的整合。地铁车站作为衔接人群地上、地下活动的重要转换空间。适宜在地铁车站区域进行立体化、网络化的综合开发，形成集交通、换乘、停车、商业、文化、娱乐等功能相结合的综合空间，并通过对空间进行有序整合，使其成为城市空间的一个重要节点，发展形成功能多元复合的地下综合体。

③ 与城市其他功能的整合。地铁站地下空间的开发应考虑与市政公共设施、综合管廊和平战结合的人防工程等功能有效衔接整合。

（2）地铁车站区域整合开发的模式

① 适应环境，改造更新。这种模式适用于历史悠久的旧城改造，将区域的旧城改造和地铁建设同步进行，充分利用地铁车站区域的地下空间开发，将部分功能引入地下，既减少了对现有环境的影响，又适应旧城改造新的需求。

② 综合设计，统一建造。该模式适用于城市新区的开发，将新区的地铁站区域和周围的交通及其他功能建筑统一规划设计、一体化建设。

③ 独立建设，紧密结合。此模式适用于分批建设的新城，对地铁车站区域地下空间做完整且预见性的规划，为未来地下空间发展用地预留位置，分批建设。

2. 地下综合体的整合设计

地下综合体是指建设在城市地表以下，能为人们提供交通、公共活动、生活和工作的场所并具备配套一体化综合设施的地下空间建筑。国内学者在此基础上对地下综合体的定义进行了深化，认为地下综合体是伴随城市的立体化再开发，多种类型和多种功能的地下建筑物和构筑物集中在一起，形成规划上统一、功能上互补、空间上互通的综合地下空间。此外，地下综合体与城市其他功能要素的整合也是至关重要的，其整合主要包括与城市广场、绿地、道路、地面建筑、地下建筑以及城市交通之间的整合等5个方面。

（1）地下城市综合体与城市广场、绿地的整合设计

地下综合体与城市广场、绿地的整合主要是在功能与形态结构方面的整合，通过设

置地上、地下基面联系要素，实现二者城市活动的延续和连续。这里简要介绍地下综合体与城市广场、绿地整合的两种方式。

① 下沉广场的整合设计。在下沉广场整合设计中，根据所处位置的不同可分为位于广场一端、位于广场中间两种基本布局，主要作用是通过其加强与城市的联系，将地面自然活动和环境引入地下空间，进而提高商业效益、改善地下空间环境品质。

② 地下中庭的整合设计。根据地下中庭立体化、开放性、公共性的特点，在整合地下城市综合体与城市广场绿地中可以发挥重要作用，将自然环境引入地下空间形成地上、地下的视觉关联，实现地上、地下的融合、渗透。

（2）地下城市综合体与道路的整合设计

城市道路一般属于公共性用地，其地下空间较少存在权属问题，所以其往往成为地下综合体开发的重要载体之一。与城市广场、绿地的完整块状用地不同，道路的空间形态相对较窄，所以地下综合体与道路的整合方式与广场、绿地有所不同，主要通过设置下沉广场、楼梯、自动扶梯、坡道或者其他形式的垂直交通设施实现二者城市活动的延续和连续。

（3）地下城市综合体与地面建筑的整合设计

地下城市综合体整合的地面建筑，通常是城市综合体、商业中心等公共建筑。空间形态的整合设计包括水平形态的整合（如串联和并联方式）以及垂直形态的整合，通过不同的功能组合构造出高效率的空间形态。对于以商业为主的地铁上盖综合体，设计时需要考虑与轨道交通的可达性，通过协同合作将轨道交通车站与商业综合体地下室连通并成为网络，逐步发展为地下商业街。对于商务办公空间，需要解决停车问题和保持商业开发性与办公空间的私密性。根据地上、地下基面联系要素和空间形态竖向整合的不同，分为仅通过垂直交通设施构建要素的联系、局部通过地下中庭的联系、通过城市中庭的联系。

（4）地下建筑之间的整合设计

由于城市的快速发展以及特殊地形的原因，城市地下空间必然处于新与旧、高与低、自然与人工等多重矛盾中。由于地下城市综合体规模庞大，在不同地块、不同权属、不同深度的地下空间，在开发时序上往往分阶段实施，针对当前我国地下建筑各自为政、缺乏联系的情况，如何通过城市设计实现地下建筑之间的整合，保持区域内城市地下空间形态的连续性、一致性，是当下我国城市地下空间开发面临的重要问题，也是促成地上、地下一体化发展的根本基础。

根据空间形态整合方式的不同，地下建筑之间的整合可以分为拼接、嵌入、缝合三种方式。拼接是两个地下建筑在水平方向上直接相邻拼接并整合成一个整体，通过竖向设计和垂直交通的整合使得两个地下空间连接顺畅，地下步行交通系统保持连续性、舒适性和步行通道宽度的一致性。嵌入是一个建筑在水平方向或垂直方向植入另一个地下建筑的剩余空间中从而形成一个整体。"嵌入"这种模式是新旧地下建筑组合在一起，使原有的地下空间格局有所改变。缝合是通过新开发的地下空间将两个分离的地下建筑联系、组织成一个整体。

（5）地下综合体与城市交通的整合设计

地下综合体与城市交通的整合不仅仅是为了提高城市交通运转的效率，同时也是为了满足人的要求,给人们的生活提供最大的方便。一方面,要以人为中心,处处为人考虑,提供适合步行的人性化环境;另一方面,要考虑随着技术的进步和不断发展变化的机动交通,它们之间的衔接和协调是地下城市综合体与城市交通整合的重要内容。

地下综合体与城市交通的整合主要集中在三个方面:①与城市快速轨道交通系统进行衔接;②与城市地铁网络规划紧密结合;③与城市步行交通系统有机融合。大型的地下综合体主要通过总体规划阶段的城市设计来进行策略性控制,而相对规模较小的地下综合体则是在上述策略性控制与指导下进行的具体设计活动。

5 城市更新背景下的园林景观设计

5.1 园林景观设计概述

5.1.1 相关概念介绍

1. 园林景观的概念

园林景观就是指风景、景色。在地理学上讲，园林景观就是有特色的风景，是供人观赏、享受、利用的，并有利于身心健康的环境空间。园林景观从广义上讲可以分为自然景观（如四川的九寨沟和峨眉山）和人文景观（如成都的宽窄巷子、文殊坊）两大类。

2. 园林景观设计的概念

园林景观设计是指在某一区域内创造一个由形态、形式因素构成的，较为独立的，具有一定社会文化内涵及审美价值的景物的设计。园林景观必须具备以下两个属性：一是自然属性，它必须作为一个有光、形、色、体的可感因素，具有一定的空间形态，较为独立并易从区域形态背景中分离出来的客体；二是社会属性，它必须具有一定的社会文化内涵，有观赏、改善环境及使用功能，可以通过其内涵引发人的情感、意趣、联想、移情等心理反应，即所谓景观的心理效应。园林景观设计是一个庞大、复杂的综合学科，融合了美学、建筑学、生物学、材料学、历史学、心理学、地理学等众多学科的理论，并且相互交叉渗透。简单地说，园林景观设计就是对组成园林景观整体的地形、水体、植物、构筑物、设施等要素进行的综合设计。

5.1.2 园林景观规划设计的基本程序

1. 设计前期准备

设计前期准备包括：了解并掌握各种外部条件和客观情况的资料；对现场进行调研，收集信息；明确工程的性质、甲方的要求、投资规模以及使用的性质等。

2. 概念方案设计

（1）对设计的主题概念和整体风格特征予以定位，对基地做功能、空间、交通流线、景观节点等的总体布局设计。人们对景观有一种精神思想上的要求，借助景观的造型、色彩肌理、材料以及空间表达某种特定的精神含义，渲染某种特定的气氛。这种景观往往需要多种主题，如历史主题、纪念主题、民俗主题、宗教主题。

（2）此阶段设计成果文件包括规划设计说明、景观规划总平面图、功能分析图、交通系统分析图、景观分析图、重要景点手绘效果图、铺装示意图、灯具示意图、环境小品设施示意图等。

3. 扩初设计（技术设计阶段）

扩初设计是指概念方案的具体化，是在通过概念方案后进一步细化方案设计的过程，是在总体构思的基础上，进行合理的铺装、小品、设施、植物、水体、灯光等的配置，并且反复推敲、比较，再最后确定的过程。扩初设计也是各种技术问题的定案，它包括确定各个部分的具体技术做法以及用材、编制设计概预算等。此阶段设计成果文件包括设计说明、各分区细化平面图、立面图、剖面图以及表现效果图。

4. 施工图设计

施工图设计阶段包括：设计者对设计项目的最后决策；在技术设计的基础上深化施工方案，并且与其他专业充分协调，综合解决各种技术问题。施工图设计的图纸文件要求表达明晰、确切、周全；此阶段设计成果文件包括施工图纸说明、平面图、立面图、剖面图、节点大样详图和水电施工图纸。

5. 设计实施

设计实施阶段内容包括：项目开始施工，为达到理想效果，设计师要进行跟踪服务；在此阶段设计师的工作主要是技术交底，根据现场情况提供局部修改或补充图纸，和甲方一起进行工程验收，绘制竣工图纸。

5.1.3 城市更新与园林景观

1. 园林景观在"城市更新"中承担的角色

现代城市空间与城市景观空间的互动越来越密切：现代城市生活的便捷性，需要越来越多的人性化的城市空间，也需要更多的供放松、散步、聚会、购物的场所；现代城市生活的生态性，需要越来越多与环境有机融合的城市空间，也需要更多的供建筑、水体、绿化等相互交映的场所。这些"城市空间""场所"的创造过程就是园林景观在"城市更新"中具体呈现的过程。

2. 城市更新中园林景观的协同作用

城市更新行动，明确提出了建设宜居城市、绿色城市、韧性城市、智慧城市、人文城市的目标。然而，不同于以往以增量建设为主体的开发建设模式，城市更新的工作任务需要以促进资本和土地要素的进一步优化配置为主，进行存量资源的转型和升级。因此，园林景观的协同作用首先以城市发展的现实问题为核心展开，主要归结为 4 个方面。

（1）以妥善处理人地关系为专业出发点

对城市人文价值进行挖掘和延续城市更新的过程是一个扬弃的过程，其所面对的人文环境不仅包含历史文化名城、历史街区、历史建筑或是不可移动文物、古树名木等空间要素或物质要素，还有城市发展过程中所形成的特定生活方式、价值取向、记忆情怀，都应该在更新过程中被尊重。如何评判这些非物质因素的价值、进行怎样的技术决策，这是存量用地的更新业务中的必然矛盾和热点。在一定程度上，需要风景园林专业从业者基于保护的视角开展业务实践，实现对已有场所精神的挖掘和行为模式的尊重，这是避免更新过程同质化、更新内容物质化的重要手段。

（2）通过园林景观，实现对区域生态功能的修复和完善

城市更新工作中所面对的城市建成区环境，通常难以满足基本的生态服务功能，而

产业的置换和升级通常会对环境承载力提出新的要求，这也是专业发挥优势的主要途径。以环境资源作为刚性约束条件，建立连续完整的生态基础设施体系，是实施城市更新行动的明确要求，园林景观设计实践已经在此领域积累了良好的理论和实践基础。

（3）以城市绿色空间为依托，对区域结构和功能进行重组及优化

户外绿色空间的营建，是城市更新过程中提升使用人群幸福感、获得感的重要手段。如何满足绿色空间在转型提质更新过程中的发展要求，如何通过和城市其他属性的公共空间建立逻辑上的联系而达到资源优化配置，如何通过变更、整合、串联等方式实现绿色开放空间的系统服务功能，都是风景园林从业者需要思考和解决的问题。

（4）通过对景观环境的系统营建，实现城市风貌的展现和提升

城市的文化特质和精神内核，需要通过视觉途径来展现，以风景园林的手段阐述和表达更新区域的地域文化、山水格局、人文印记、风貌遗产，更有助于展示城市的发展活力，让人真正地与空间环境产生价值共鸣。

5.2 园林景观设计特征

园林景观设计的特征主要表现在以下几个方面。

5.2.1 多元化

园林景观设计的构成元素和涉及问题的综合性使它具有多元化，这种多元化体现在与设计相关的自然因素、社会因素的复杂性，以及设计目的、设计方法、实施技术等方面的多样性上。

与景观设计有关的自然因素包括地形、水体、动植物、气候、光照等自然资源，分析并了解它们彼此之间的关系，对景观设计的实施非常关键。比如，不同的地形会影响景观的整体格局，不同的气候条件则会影响景观内栽植的植物种类。

社会因素也是造成景观设计多元化的重要原因，因为景观设计的服务对象是大众群体。现代信息社会的多元化交流以及社会科学的发展，使人们对景观的使用目的、空间开放程度和文化内涵有不同的理解，这些会在很大程度上影响景观的设计形式。为了满足不同年龄、不同受教育程度和不同职业的人对景观环境的感受，景观设计必然会呈现多元化的特点。

5.2.2 生态性

生态性是园林景观设计的第二个特征。景观与人类、景观与自然有着密切的联系，在环境问题日益突出的今天，生态性已引起景观设计师的高度重视。美国宾夕法尼亚大学的景观建筑学教授麦克哈格就提出了"将景观作为一个包括地质、地形、水文、土地利用、植物、野生动物和气候等决定性要素相互联系的整体来看待"的观点。

把生态理念引入景观设计中，就意味着：首先，设计要尊重物种多样性，减少对资源的掠夺，保持营养和水循环，维持植物环境和动物栖息地的质量；其次，尽可能地使用再生原料制成的材料，将场地上的材料循环使用，最大限度地发挥材料的潜力，减少因生产、加工、运输材料而消耗的能源，减少施工中的废弃物；最后，要尊重地域文

化,并且保留当地的文化特点。例如,生态原则的一个重要体现就是高效率地用水,减少水资源消耗。因此,景观设计项目就应考虑利用雨水来解决大部分的景观用水,甚至能够达到完全自给自足,从而实现对城市洁净水资源的零消耗。

园林景观设计对生态的追求与对功能和形式的追求同样重要。从某种意义上讲,园林景观设计是人类生态系统的设计,是一种基于自然系统自我有机更新能力的再生设计。

5.2.3 时代性

园林景观设计富有鲜明的时代特征,主要体现在以下几个方面。

(1) 从过去注重视觉美感的中西方古典园林景观,到当今生态学思想的引入,景观设计的思想和方法发生了变化,也很大程度地影响了景观的形象。现代景观设计不再仅仅停留于"堆山置石""筑池理水",而是上升到提高人们生存环境质量、促进人居环境可持续发展的层面上。

(2) 在古代,园林景观设计多停留在花园设计的狭小范围。而今天,园林景观设计介入更为广泛的环境设计领域,它的范围包括城镇规划滨水、公园、广场、校园甚至花坛的设计等,几乎涵盖了所有的室外环境空间。

(3) 设计的服务对象也有了很大不同。古代园林景观是少数统治阶层和商人贵族等享用的,而今天的园林景观设计则是面向大众、面向普通百姓,充分体现了人性化关怀。

(4) 随着现代科技的发展与进步,越来越多的先进施工技术被应用到景观中,人类突破了沙、石、水、木等天然、传统施工材料的限制,开始大量地使用塑料制品、光导纤维、合成金属等新型材料来制作景观作品。例如,塑料制品现在已被普遍地应用于公共雕塑等方面,而各种聚合物则使轻质的、大跨度的室外遮蔽设计更加易于实现。施工材料和施工工艺的进步大大增强了景观的艺术表现力,使现代景观更富生机与活力。

园林景观设计是一个时代的写照,是当代社会、经济、文化的综合反映,这使得园林景观设计带有明显的时代烙印。

5.3 构成要素

5.3.1 地形设计

地形和地貌是近义词,意思是地球表面三维空间的起伏变化。地形是指地面上的高低起伏及外部形态,如长方形、圆形、梯形等。地貌是指地球表面自然高低起伏的形态,如山地、丘陵、平地、洼地等。景观地形是景观范围内地形发生的平面高低起伏的变化称为小地形。在景观范围内起伏较小的地形称为微地形,包括沙丘上微弱的起伏和波纹等。

1. 地形的表示方法

(1) 等高线表示法

① 等高线的概念。等高线是地面高程相等的相邻点所连成的闭合曲线。如池塘和水库的边缘就是一条等高线。为了形象地说明等高线的意义,假设湖泊中央有高程为

100m 的一个小岛恰好被水淹没,若水位下降 5m,小岛顶部的一部分即露出水面,这时,水面与岛周围地面的交线就是一条高程为 95m 的等高线。若水位再下降 5m,可得到高程为 90m 的等高线。水面如此继续下降,便可获得一系列相应的等高线。这些等高线都是闭合的曲线,曲线的形状决定于小岛的形状。把这些曲线的水平投影按一定比例缩绘在图上,就是相应的等高线图。

② 等高距和等高平距。地形图上相邻等高线间的高差称为等高距。等高距越小,表示的地貌越详细,但测绘的工作量也越大,而且还会降低图的清晰度。因此,应根据地形的比例尺、地面坡度情况及用图目的选用适当的等高距。景观建设中,常用的基本等高距为 0.5m、1m 和 2m。相邻等高线之间的水平距离称为等高平距。在同一幅图中等高平距越大,地面坡度越小。

③ 等高线的特性。

a. 等高性。同一条等高线上各点高程相等,但高程相等的点不一定在同一等高线上。

b. 闭合性。等高线是闭合的曲线,不在图内闭合则在图外闭合。因此,描绘时,应绘至内图廓线,不能在图内中断。

c. 非交性除悬崖外,等高线不能相交。

d. 正交性等高线与山脊线、山谷线成正交。山脊处等高线凸向低处,山谷处等高线凸向高处。

e. 密陡稀缓性在同一幅图中,等高线越密,表示地面的坡度越陡;越稀,则表示坡度越缓。

(2) 标高点表示法

所谓标高点就是指高于或低于水平参考平面的某一特定点的高程。标高点在平面图上的标记是一个"十"字记号或一个圆点,并同时配有相应的数值。由于标高点常位于等高线之间而不在等高线之上,因而常用小数表示。标高点最常用在地形改造、平面图和其他工程图上,如排水平面图和基地平面图。标高点一般用来描绘某一地点的高度,如建筑物的墙角顶点、低点、栅栏、台阶顶部和底部以及墙体高点等。

标高点的确切高度可根据该点所处的位置与任一边等高线距离的比例关系,使用"插入法"进行计算。其原理是,假定标高点位于一个均匀的斜坡上,并在两等高线之间以恒定的比例上下波动,标高点与相邻等高线在坡上和坡下之间的比例关系,就应与其在垂直高度的比例关系相同。

(3) 平面标定高程的方法

当景观面积较小时,将高程直接绘在平面图上,用高程来计算各点高差、计算工程量。

2. 地形的形式

(1) 平坦地形

景观中坡度比较平缓的用地统称为平地。平地可作为集散广场、交通广场、草地、建筑等方面的用地,以接纳和疏散人群,组织各种活动或供游人游览和休息。平地在视觉上空旷、宽阔,视线遥远,景物不被遮挡,具有强烈的视觉连续性。平坦地面能与水平造型互相协调,使其很自然地同外部环境相吻合,并与地面垂直造型形成强烈的对比，使景物突出。在使用平坦地形时要注意以下几点。

① 为排水方便，需将平地人工设置为3％～5％的坡度，从而使大面积平地具有一定的起伏变化。

② 在有山水的景观中，山水交界处应有一定面积的平地作为过渡地带，临山的一边应以渐变的坡度和山体相接，近水的一旁应以缓慢的坡度形成过渡带，徐徐伸入水中形成冲积平原的景观。

③ 在平地上可挖地堆山，可用植物分割、做"障景"等手法处理，打破平地的单调乏味，防止一览无余。

(2) 凸地形

凸地形的表现形式有坡度为8％～25％的土丘、丘陵、山峦以及小山峰。凸地形在景观中可作为焦点物或具有支配地位的要素，特别是当其被低矮的设计形状环绕时更是如此。从情感上来说，上山与下山相比较，前者能产生对某物或某人更强的尊崇感。因此，那些教堂寺庙、宫殿、政府大厦以及其他重要的建筑物（如纪念碑、纪念性雕塑等）常常耸立在地形的顶部，给人以严肃崇敬之感。

(3) 脊地

脊地总体上呈线状，与凸地形相比较，形状更紧凑、更集中，可以说是更"深化"的凸地形。与凸地形相类似，脊地可限定户外空间边缘，调节其坡上和周围环境中的小气候。在景观中，脊地可被用来转换视线，在一系列空间中的位置，或将视线引向某一特殊焦点。脊地在外部环境中的另一特点和作用是充当分隔物。脊地作为一个空间的边缘，犹如一道墙体将各个空间和谷地分隔开来，使人感到有"此处"和"彼处"之分。从排水角度而言，脊地的作用就像一个"分水岭"，降落在脊地两侧的雨水，将各自流到不同的排水区域。

(4) 凹地形

凹地形在景观中可被称为碗状池地，呈现小盆地状，如图5.1所示。凹地形在景观中通常作为一个空间，当其与凸地形相连接时，可完善地形布局。凹地形是景观中的基础空间，适用于多种活动的进行。凹地形是一个具有内向性和不受外界干扰的空间，给人一种分割感、封闭感和私密感。

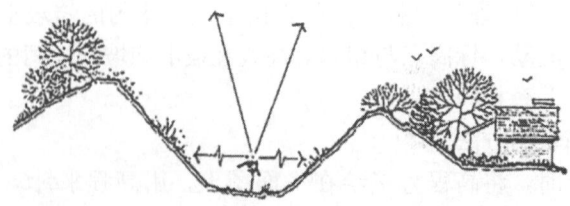

图5.1 碗状池地示意

凹地形还有一个潜在的功能，就是充作一个永久性的湖泊、水池，或者充作一个暴雨之后暂时用来蓄水的蓄水池。凹地形在调节气候方面也有很重要的作用，它可躲避掠过空间上部的狂风。当阳光直接照射到其斜坡上时，受热面大，空气流动小，可使地形内的温度升高。因此，凹地形与同一地区内的其他地形相比更暖和，风沙更少，具有宜人的小气候。

(5) 谷地

与凹地形相似，谷地在景观中也是一个低地，是景观中的基础空间，适合安排多种项目和内容。但它与脊地相似，也呈线状，沿一定的方向延伸，具有一定的方向性。

3. 地形的功能和作用

(1) 分隔空间

地形可以不同的方式创造和限制空间。平坦地形仅是一种缺乏垂直限制的平面因素，视觉上缺乏空间限制。而斜坡的地面较高点则占据了垂直面的一部分，并且能够限制和封闭空间。斜坡越陡越高，户外空间感就越强烈。地形除限制空间外，它还能影响一个空间的气氛。平坦、起伏平缓的地形能给人美的享受和轻松感，而陡峭、崎岖的地形极易在一个空间中造成兴奋的感受。地形不仅可制约一个空间的边缘，还可制约其走向。一个空间的总走向，一般都是向着开阔视野的。地形一侧为一片高地，而另一侧为一片低矮地时，空间就可形成一种朝向较低较开阔一方，而背离高地空间的走向。

(2) 控制视线

地形能在景观中将视线导向某一特定点，影响某一固定点的可视景物和可见范围，形成连续观赏景观序列，或完全封闭通向景物的视线。为了能在环境中使视线停留在某一特殊焦点上，可在视线的一侧或两侧将地形增高。在这种地形中，视线两侧的较高的地面犹如视野屏障，封锁了分散的视线，从而使视线集中到景物上。地形的另一类似功能是构成一系列观赏景点，以此来观赏某一景物或空间。

(3) 影响旅游线路和速度

地形可被用在外部环境中影响行人和车辆运行的方向、速度和节奏。在景观设计中可用地形的高低变化、坡度的陡缓以及道路的宽窄、曲直变化来影响和控制游人的游览线路和速度。在平坦的土地上，人们的步伐稳健持续，不需要花费什么力气。而在变化的地形上，随着地面坡度的增加，或障碍物的出现，游览也就越发困难。为了上、下坡，人们就必须使出更多的力气，花费的时间也就延长，中途的停顿休息也就逐渐增多。对于步行者来说，在上、下坡时，其平衡性受到干扰，每走一步都格外小心，最终导致尽可能地减少穿越斜坡的行动。

(4) 改善小气候环境

地形可影响景观某一区域的光照、温度、风速和湿度等。从采光方面来说，朝南的坡面在一年中大部分时间都保持较温暖和宜人的状态。从风的角度而言，凸地形、脊地或土丘等可以阻挡刮向某一场所的冬季寒风。反过来，地形也可以被用来收集和引导夏季风。夏季风可以被引导穿过两高地之间形成的谷地或洼地、马鞍形的空间。

(5) 美学功能

地形可被当作布局和视觉要素来使用。在大多数情况下，土壤是一种可塑性物质，它能被塑造成具有各种特性、具有美学价值的悦目的实体和虚体。地形有许多潜在的视觉特性。

借助土壤，可将其成形为柔软、具有美感的形状，这样它便能轻易地捕捉视线，并使其穿越于景观。借助岩石和水泥，地形可被浇筑成具有清晰边缘和平面的挺括形状结构。地形的每一种上述功能，都可使一个设计具有明显差异的视觉特性和视觉感。

地形不仅可被组合成各种不同的形状，而且它还能在阳光和气候的影响下产生不同的视觉效应。阳光照射某一特殊地形，并由此产生的阴影变化，一般都会产生一种赏心悦目的效果。当然，这些情形每一天、每一个季节都在发生变化。此外，降雨和降雾所产生的视觉效应也能改变地形的外貌。

4. 地形处理与设计

（1）地形处理应考虑的因素

① 考虑原有地形。自然风景类型甚多，有山岳、丘陵、草原、沙漠、江、河、湖、海等景观，在这样的地段上，主要是利用原有的地形，或只需稍加人工点缀和润色，便能成为风景名胜。这就是"天成自然之趣，不烦人工之事"的道理。考虑利用原有地形时，选址是很重要的。有了良好的自然条件可以借用，能取得事半功倍的效果。

② 根据景观分区处理地形。在景观绿地中，开展的活动内容很多。不同的活动对地形有不同的要求：游人集中的地方和体育活动的场所，要求地形平坦；划船游泳，需要有河流湖泊；登高望远，需要有高地山岗；文娱活动需要许多室内外活动场地；安静休息和游览赏景则要求有山林溪流等。在景观建设中必须考虑不同分区有不同地形，而地形变化本身也能形成灵活多变的景观空间，创造出景区的园中园，比用建筑创造的空间更具有生气，更有自然野趣。

③ 要有利于景观地面排水。景观绿地每天有大量游人，雨后绿地中不能有积水，这样才能尽快供游人活动。景观中常用自然地形的坡度进行排水。因此，在创造一定起伏的地形时，要合理安排分水线和汇水线，保证地形具有较好的自然排水条件。景观中每块绿地应有一定的排水方向，可直接流入水体或由铺装路面排入水体，排水坡度允许有起伏，但总的排水方向应明确。

④ 要考虑坡面的稳定性。如果地形起伏过大，或坡度不大但同一坡度的坡面延伸过长时，则会引起地表径流，产生坡面滑坡。因此地形起伏应适度，坡长应适中。一般来说，坡度小于1%的地形易积水。地表面不稳定；坡度介于$1\%\sim5\%$的地形排水较理想，适合于大多数活动内容的安排，但当同一坡面过长时，显得较单调，易形成地表径流；坡度介于$5\%\sim10\%$之间的地形排水良好，而且具有起伏感；坡度大于10%的地形只能局部小范围地加以利用。

⑤ 要考虑为植物栽培创造条件。城市景观用地不适合植物生长，因此，在进行景观设计时，要通过利用和改造地形，为植物的生长发育创造良好的环境条件。城市中较低凹的地形，可挖土堆山，抬高地面，以适应多数乔灌木的生长。利用地形坡面创造一个相对温暖的小气候条件，以满足喜温植物的生长需求。

（2）地形处理的方法

① 巧借地形。利用环抱的土山或人工土丘挡风，创造向阳盆地和局部的小气候，阻挡当地常年有害风雪的侵袭。利用起伏地形，适当加大高差至超过人的视线高度，按"俗则屏之"的原则进行"障景"。以土代墙，利用地形"围而不障"，以起伏连绵的土山代替景墙进行"隔景"。

② 巧改地形。建造平台园地或在坡地上修筑道路或建造房屋时，采用半挖半填式进行改造，可起到事半功倍的效果。

③ 土方的平衡与景观造景相结合。尽可能就地平衡土方，挖池与堆山结合，开湖与造堤相配合，使土方就近平衡，相得益彰。

(3) 地形设计的表示方法

① 设计等高线法。设计等高线法在设计中可以用于表示坡度的陡缓（通过等高线的疏密）、平垫沟谷（用平直的设计等高线和拟平垫部分的同值等高线连接）、平整场地等。

② 方格网法。根据地形变化程度与要求的地形精度确定图中网格的方格尺寸，一般间距为5~100m。然后进行网格角点的标高计算，并用插入法求得整数高程值，连接同名等高线点，即成"方格网等高线"地形图。

③ 透明法。为了使地形图突出和简洁，重点表达建筑地物，避免被树木覆盖而造成喧宾夺主，可将图上树木简化成用树冠外缘轮廓线表示，其中央用小圆圈标出树干位置即可。这样在图面上可透过树冠浓荫将建筑、小品、水面、山石等地物表现得一清二楚，以满足图纸设计要求，如图5.2所示。

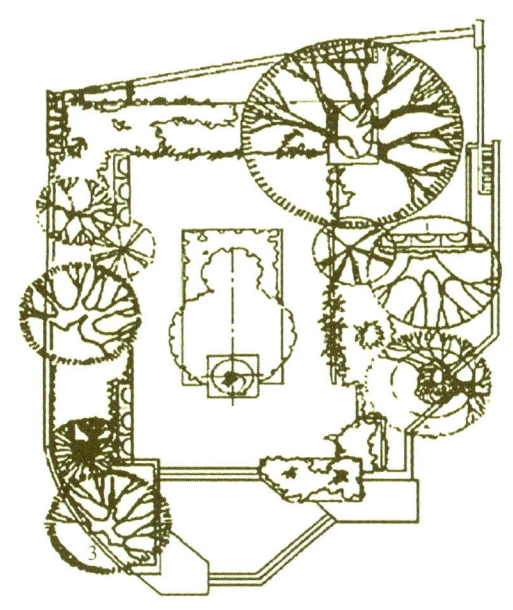

图5.2 透明法示意

④ 避让法。避让法即将地形图上遮住地物的树冠乃至覆盖建筑小品、山石水面等的树荫一律避让开去，以便清晰完整地表达地物和建筑及小品等。缺点是树冠因为避让而失去其完整性，不及透明法表现得剔透完整。

其他还有立面图法、剖面图法、轮廓线法和轴测投影法等。

5.3.2 水体设计

水是景观的重要组成因素。不论是西方的古典规则式景观，还是中国的自然山水景观；无论是北方的皇家景观，还是小巧别致的江南私家景观，凡有条件者，都要引水入园，创造景观水景，甚至建造以水为主体的水景园。

1. 景观水体的功能作用

① 景观水体具有调节空气湿度和温度的作用，又可溶解空气中的有害气体，净化空气。

② 大多数景观中的水体具有蓄存园内雨水的自然排水作用，有的还具有对外灌溉

农田的作用,有的又是城市水系的组成部分。

③ 景观中的大型水面是进行水上活动的地方,除供游人划船游览外,还可作为水上运动和比赛的场所。

④ 景观的水面又是水生植物的生长地域,可增加绿化面积和景观景色,又可结合生产进行养鱼和滑冰。

2. 景观水体的表现形式

景观水体布局可分为集中与分散两种基本形式。多数是集中与分散相结合,纯集中或分散的占少数。小型绿地游园和庭院中的水景设施如果很小,集中与分散的对比关系很弱,不宜用模式定性。

(1) 集中形式

集中形式又可分为以下两种。

① 整个园以水面为中心,沿水周围环列建筑和山地,形成一种向心、内聚的格局和布局形式,可使有限的小空间具有开朗的效果,使大面积的景观具有"纳千顷之汪洋,收四时之烂漫"的气氛。如颐和园中的谐趣园,水面居中,周围有建筑以回廊相连,外层又用冈阜环抱。虽是面积不大的园中园,却能使人感到空间的开朗。北海也是周边式布局,水面居中,因实际面积大,故有开阔、汪洋之感。

② 水平集中于园的一侧,形成山环水抱或山水各半的格局。如颐和园,其中的万寿山位于北面,昆明湖集中在山的南面,只以河流形式的后湖(也称苏州河)在万寿山北山脚环抱,通过谐趣园的水面与昆明湖的大水面相通。

(2) 分散形式

分散形式是将水面分割并分散成若干小块和条状,彼此明通或暗通,形成各自独立的小空间,空间之间进行实隔或虚隔。也可形成曲折、开合与明暗变化的带状溪流或小河相通,具有水陆迂回、岛屿间列、小桥凌波的水乡景象。如颐和园的苏州河,陶然亭百亭园中的溪流、瀑布。在同一园中,水面的集中、分散可以形成强烈的对比,更具自然野趣。在规则式景观中,分散的水景主要表现在喷泉、水池、壁泉、跌水等形式上。至于水体形状的表现,无论集中的水面还是分散的水面,均依景观的规则和自然式的风格而定。

规则式景观水体多为几何形状,水岸为垂直砌筑驳岸。自然式景观水体形状多呈自然曲线,水岸也多为自然驳岸。但有时在自然式景观中,无论是集中的大水面还是分散的小水面,也有采用或部分采用垂直砌筑的规则式驳岸的,甚至有些分散的水面在某些自然式空间中采用集合形状。

3. 景观水体的建筑物

景观中集中形式的水面也要用分隔与联系的手法增加空间层次,在开敞的水面空间造景。其主要形式有岛、堤、桥、汀步等。

(1) 岛

岛在景观中可以划分水面的空间,可使水面形成几种情趣的水域,水面仍有连续的整体性,尤其在较大的水面中,岛可以打破水面平淡的单调感。岛居于水中,呈块状陆地,四周有开敞的视觉环境,是欣赏风景的中心点,同时又是被四周所观望的视觉焦点,故可在岛上与对岸建立对景。由于岛位于水中,增加了水中空间的层次,所以又具有碍景的作用。通过桥或水路进岛，又增加了游览情趣。

① 岛的类型。

a. 山岛。即在岛上设山，抬高登高的视点，有以土为主的土山岛和以石为主的石山岛，土山因土壤的稳定坡度受限制，不宜过高，而且山势较缓，但可大量种植树木，丰富山体和色彩；石山可以创造悬崖及陡峭的山势，如不是天然山，只靠人工筑，则只宜小巧，故仍以土石相结合的山更为理想。山岛上可设建筑，形成垂直构图中心或主景，如北海琼华岛。

b. 平岛。岛上不堆山，以高出水面的平地为标准，地形可有缓坡的起伏变化，因有较大的活动平地适于安排群众性活动，故可将一些游人参与而人数集中又须加强管理的活动内容安排在岛上，如露天舞池、文艺演出等，只需把住入口的桥头即可。对不设桥的平岛，不宜安排过多的游人活动内容，如在平岛上建造景观建筑，最好在二层以上。

c. 半岛。半岛是陆地深入水中一部分，一面接陆地，三面临水，半岛可适当抬高成石矶，矶下有部分平地临水，可上下眺望，又有竖向的层次感，也可在临水的平地上建廊、榭，探入水中，岛上道路与陆上道路相连。

d. 礁。礁是水中散置的点石，石体要求玲珑奇巧或状态特异，作为水中的孤石欣赏，不许游人登上。在小水面中可代替岛的艺术效果。

② 岛的布局。水中设岛忌居中，一般多设于水的一侧或中心处。大型水面可设1~3个大小不同、形态各异的岛屿，不宜过多，岛屿的分布须自然疏密，与全景观的障、借结合。岛的面积要由所在水面的面积而定，宁小勿大。

(2) 堤、桥、汀步

堤是将大型水面分隔成不同景色的带状陆地，它在景观中不多见，比较著名的如杭州的苏堤、白堤，北京颐和园的西堤等。堤上设道，道中间可设桥与涵洞，沟通两侧水面；如果堤长，可多设桥，每座桥的大小、形式应有变化。堤的设置不宜居中，须靠水面的一侧，使水面分隔成大小不等、形状有别的两个主与次的水面，堤多为直堤，少用曲堤。也有结合拦水堤没过水面（过水坝），这种情况有跌水景观，堤上必须栽树，可以加强分隔效果，如北京颐和园西堤以杨、柳为主，玉带桥以浓郁的树林为背景，更衬出桥身洁白。湖边植物一般应植于最高水位以上，耐湿树种可种在常水位以上，并注意避开风景透视线。堤身不宜过高，宜使游人接近水面，堤上还可设置亭、廊、花架及座椅等休息设施。此外，水中还可设桥和汀步，使水面隔而不断。

4. 设计注意点

在进行水景设计时要注意以下几点。

① 水景形式要与空间环境相适应，比如音乐喷泉一般适用于广场等集会场所，喷泉不但能与广场融为一体，而且以音乐、水姿、灯光的有机组合来给人以视觉和听觉上美的享受。而居住区更适合设计溪流环绕，以体现静谧悠然的氛围，给人以平缓、松弛的视觉享受，从而营造出宜人的生活休息空间。

② 水景的表现风格是选用自然式还是规则式，应与整个景观规划相一致，有一个统一的构思。

③ 水景的设计应尽量利用地表径流或采用循环装置，以便节约能源和水源，重复

使用。

④ 要明确水景的功能,是为观赏还是为嬉水,或是为水生植物和动物提供生存环境。如果是嬉水型的水景要考虑到安全问题,水不宜太深,以免造成危险,水深的地方则必须设计相应的防护措施;如果是为水生植物和动物提供生存环境的水景,则需要安装过滤器、供氧器等设备来保证水质。

⑤ 水景设计时注意结合照明,特别是动态水景的照明,往往效果会更好。

5.3.3 植物设计

作为重要的景观要素,植物的功能体现在非视觉性和视觉性两方面。植物的非视觉功能是指植物具有净化空气、吸收有害气体、调节和改善小气候、吸滞烟尘和粉尘、降低噪声等生态作用。植物的视觉功能是指植物的审美功能,即根据不同环境景观的设计要求,利用不同植物的观赏形态加以设计,从而达到美化环境,使人心情愉悦的作用。植物设计是景观艺术设计中必不可少的组成部分,也是景观艺术表现的主要手段。

1. 植物设计的形式美原则

植物景观设计时,必然会涉及形式美原则这一问题,即用形式美的规律进行构思、设计,并把它实施建造出来。

(1) 对比与调和

在植物景观设计中,既要运用对比,也要注意调和。对比是为了突出主题或引人注目,调和是为了产生协调感,从而使人心情舒适、愉悦。调和要通过植物的种类和布局形式等方面来获得统一协调。对比方式有以下几种。

① 空间对比。巧妙地利用植物创造开敞与封闭的对比空间,能引人入胜,丰富观赏体验。人从封闭空间进入开敞空间,会感到豁然开朗、心旷神怡;反之,则会感到深邃而幽寂,别具韵味。

② 体量对比。体量对比是指植物的实体大小、粗细与高低的对比关系,目的是相互衬托,这种搭配能够获得变化丰富的轮廓和天际线。

③ 方向对比。方向对比是指配植所构成的横向和纵向的线性对比。如单株乔木与草坪配植,形成孤植树更加突出、草坪更加开敞的效果。

④ 色彩对比。植物的色彩往往给人以第一印象,利用植物色彩的冷暖、明暗等对比,巧妙配置,能为景色增色不少。例如,枫树种植在浓绿的树林背景前,在色彩上形成鲜明的冷暖对比,打破了单调的格局;在花坛设计中,利用多种不同颜色叶片的灌木组合成各种图案造型,是景观设计中常用的手法。

(2) 均衡与稳定

植物的质感、色彩、大小等都可以影响到均衡与稳定,均分为"对称式均衡"和"非对称式均衡"。对称式均衡常用于规则式建筑、庄严的陵园或皇家园林中,给人一种规则、整齐、庄重的感觉。非对称式均衡则能赋予景观自然生动的感觉,常用于花园、公园、植物园、风景区等较自然的环境中。

(3) 比例与尺度

植物景观确定合理的比例与尺度,能获得较好的景观视觉效果。这种比例尺度的确定是以人体作为参照物的，与人体具有良好尺度关系的物体被认为是合乎标准的、正常的，比正常标准大的比例会使人感到畏惧，而小比例则具有从属感。

景观植物的空间受植物自然生长特性的影响，其比例和尺度的控制不可能那么精确，但在整体的空间构造中考虑植物的长度以及空间的比例也是非常必要的。例如，在私家庭院中，树种应选用矮小植物，体现出小中见大；由于儿童视线低，设计儿童活动场所时，绿地修剪高度不宜过高。

（4）节奏与韵律

有规律的再现称为节奏，在节奏的基础上深化而形成的既富于情调又有规律、可以把握的属性称为韵律。植物景观设计中，可以利用植物的形态、色彩、质地等要素进行有节奏和韵律的搭配。常用节奏和韵律来表现的方式有行道树、高速公路中央隔离带等适合人心理快节奏感受的街道绿化，同时要注意植物纵向的立体轮廓，做到高低搭配，有起有伏，产生节奏和规律，避免局部呆板。

2. 花坛设计

（1）造景特征

花坛是指在具有一定几何形轮廓的植床内种植各种不同色彩的观赏植物，以构成华丽色彩或精美图案的一种花卉种植类型。花坛主要是通过色彩或图案来表现植物的群体美，而不是植株的个体美。花坛具有装饰特性，在景观造景中常作为主景或配景。

（2）主要类型

① 根据表现主题分类。

a. 花丛花坛，又称盛花花坛，以花卉群体色彩美为表现主题，多选择开花繁茂，色彩鲜艳，花期一致的一、二年生或球根花卉，含苞欲放时带土或倒盆栽植。

b. 模纹花坛，又称图案式花坛，常采用不同色彩的观叶植物或花叶兼美的观赏植物配置成各种精美的图案纹样，以突出表现花坛群体的图案美。包括标题式花坛（如文字花坛）、肖像花坛、图徽花坛、日历花坛、时钟花坛等。

c. 混合花坛，是花丛花坛与模纹花坛的混合形式，兼有华丽的色彩和精美的图案。

② 根据规划方式分类。

a. 独立花坛，常作为景观局部构图的一个主体而独立存在，具有一定的几何形轮廓，其平面外形总是对称的几何图形，或轴线对称，或辐射对称；其长短轴之比应小于3；其面积不宜太大，中间不设园路，游人不得入内。多布置在建筑广场的中心、公园出入口空旷处、道路交叉口等地。

b. 组群花坛，是由多个个体花坛组成的一个不可分割的构图整体。个体花坛之间为草坪或铺装场地，允许游人入内游憩。整体构图也是对称布局的，但构成组群花坛的个体花坛不一定是对称的。其构图中心可以是独立花坛，还可以是其他景观小品，如水池、喷泉、雕塑等。常布置在较大面积的建筑广场中心、大型公共建筑前面或规则式景观的构图中心。

c. 带状花坛，是指长度为宽度3倍以上的长形花坛。在连续的景观构图中，常作为主体来布置，也可作为观赏花坛的镶边、道路两侧建筑物墙基的装饰等。

d. 立体花坛，随着现代生活环境的改变及人们审美要求的提高，景观设计及欣赏要求逐渐向多层次、主体化方向发展，花坛除在平面上表现其色彩、图案美之外，同时还在其立面造型、空间组合上有所变化，即采用立体组合形式，从而拓宽了花坛观赏角度和范围，丰富了景观。

（3）花坛设计要点

① 植物选择。

a. 花丛花坛。花丛花坛主要表现色彩美，多选择花期一致、花期较长、花大色艳、开花繁茂、花序高矮一致或呈水平分布的一、二年生草本花卉或球根花卉，如金菊、一串红、郁金香、金鱼草、鸡冠花等。一般不用观叶或木本植物。

b. 模纹花坛。模纹花坛以表现图案美为主，要求图案纹样相对稳定，维持较长的观赏期，植物选择多采用植株低矮、枝叶稠密、萌发性强、耐修剪的观叶植物，如瓜子黄杨、金叶女贞等；也可选择花期较长、花期一致、花小而密、花叶兼美的观花植物，如四季海棠、石莲花等。

② 平面布置。

a. 花坛平面外形轮廓总体上应与广场、草坪等周围环境的平面构成相协调，但在局部处理上要有所变化，使艺术构图在统一中求变化，在变化中求统一。

b. 作为主景的花坛要有丰富的景观效果，可以是华丽的图案花坛或花丛花坛。作为配置的花坛，如雕塑基座或喷水池周围的花坛，其纹样应简洁，色彩宜素雅，以衬托主景为原则，不可喧宾夺主。

c. 花坛面积与环境应保持适度的比例关系，以 1/15～1/3 为宜。一般作为观赏用的草坪花坛面积比例可稍大一些，华丽的花坛比简洁的面积比例可稍小些；在行人集散量或交通量较大的广场上，花坛面积比例可以更小一些。

③ 个体设计。

a. 花坛内部图案纹样，花丛花坛宜简洁，模纹花坛可丰富；纹样线条宽度不能太细，在 10cm 以上。

b. 个体花坛面积不宜过大，大则辨赏不清且易产生变形。一般模纹花坛直径或短轴以 8～10cm 为宜，花丛花坛直径或短轴可达 15～20m。

c. 种植床的要求，为突出花坛主体及其轮廓变化，可将花坛植床适当抬高，高出地面 7～10cm 为宜；为利于观赏和排水，常将花坛中央隆起，形成向四周倾斜的和缓曲面，形成一定的坡度；植床土层厚度视植物种类而异，植物一、二年生花卉至少要 20～30cm，多年生花卉或灌木至少要 40～50cm；为使花坛有一个清晰的轮廓和防止水土流失，植床边缘常用缘石围护。围护材料可用砖、卵石、混凝土、树木等，缘石高度和宽度可控制在 10～30cm，造型宜简洁，色彩应淡雅。

3. 花境设计

（1）造景特性

花境是在长形带状且具有规则轮廓的种植床内采用自然式种植方式配置观赏植物的一种花卉种植类型。花境平面外形轮廓与带状花坛相似，其种植床两边是平行直线或几何曲线，而花境内部的植物配置则完全采用自然式种植方式，兼有规划式和自然式布局的特点，是景观构图从规划式向自然式过渡的半自然式（混合式）的种植形式。它主要表现观赏植物本身特有的自然美，以及观赏植物自然组合的群体美。在景观造景中，既可作主景，也可为配景。

(2) 主要类型

① 依植物材料不同来分类。

a. 灌木花境,主要由观花、观果或观叶灌木构成,如月季、南开竹等组成的花境。

b. 宿根花卉花境,由当地可以露地越冬、适应性较强的耐寒多年生宿根花卉构成。如鸢尾、芍药、玉簪、萱草等。

c. 球根花卉花境,由球根花卉组成的花境。如百合、石蒜、水仙、唐菖蒲等。

d. 专类植物花境,由一类或一种植物组成的花境。如蕨类植物花境、芍药花境、蔷薇花境等。此类花境在植物变种或品种上要有差异,以求变化。

e. 混合花境,主要指由灌木和宿根花卉混合构成的花境,在景观中应用较为普遍。

② 依规则设计方式不同来分类。

a. 单面观赏花境,植物配置形成一个斜面,低矮植物在前,高的在后,以建筑或绿篱作为背景,仅供游人单面观赏。

b. 双面观赏花坛,植物配置为中间较高,两边较低,可供游人从两面观赏,故花境无须背景。

(3) 布设位置

① 建筑物和道路之间。作为基础栽植,为单面观赏花境,如图 5.3 所示。

图 5.3 单面观赏花境示意

② 道路中央或两侧。在道路中央设置两面观赏花境,两侧可为单面观赏花境,背景为绿或行道树、建筑物等。

③ 与绿篱配合。在规则式景观中,常应用修剪整形的绿篱,在绿篱前方布置花境最为宜人。花境既可装饰绿篱单调的基部,绿篱又可作为花境的背景,二者相映成趣,相得益彰。可在花境前设置园路,供游人驻足欣赏。

④ 与花架游廊配合。花境是一连续的景观构图,可满足游人动态观赏的要求。沿着花架、游廊的两旁布置花境,可使游人在游憩过程中得享近观之趣。

⑤ 与围墙、挡土墙配合。在围墙、挡土墙前面布置单面观赏花境,丰富围墙、挡土墙立面景观。

(4) 植物配置

① 植物选择。常采用花期较长、花叶兼美、花朵花序呈垂直分布的耐寒多年生花卉和灌木。如玉簪,鸢尾、蜀葵、飞燕草等。

② 配置方式。花境内部观赏植物以自然式花丛为基本单元进行配置，形成主调、基调、配调明确的连续渐进的景观。

(5) 镶边植物

花境观赏面种植床的边缘通常要用植物进行镶边，镶边植物可以是多年生草本，也可以是常绿矮灌木，但要求四季常绿或经常美观。如葱兰、金叶女贞、瓜子黄杨等。镶边植物高度，一般草本花境不超过 15～20cm，灌木花境不超过 30～40cm。若用草皮镶边其宽度应大于 40cm。花境镶边的矮灌木要经常修剪。

(6) 花镶背景

两面观赏花境不需要背景，单面观赏花境则需要设置背景，或为装饰性围墙、常绿绿篱等。

(7) 种植床要求

花境种植床外缘通常与道路或草地相平，中央高出 7～10cm，以保持一定的排水坡度。由于花境内种植的观赏植物以多年生花卉和灌木为主，故其种植床土层厚度应为 40～50cm，并要注意改良土壤的理化性质，在土壤内加入腐熟的堆肥、泥炭土和腐叶土等；花境植床宽度，单面观赏花境一般 3～5m，双面观赏花境可为 4～8m。

4. 绿篱

绿篱是耐修剪的灌木或小乔木以相等距离的株行距单行或双行排列而组成的规则绿带，是属于密植行列栽植的类型之一。它在景观绿地中的应用广泛，形式也较多。绿篱按修剪方式可分为规则式及自然式两种；从观赏和实用价值来讲，又可分为常绿、落叶、彩叶篱、花篱、观果篱、编篱、蔓绿篱等多种。

(1) 绿篱的作用和功能

① 作为防范和防护用。在景观绿地中，常以绿篱作为防范的边界，不让人们任意通行。用绿篱可以组织游人的游览路线，起导游作用。绿篱还可以单独作为机关、学校、医院、宿舍、居民区等单位的围墙，也可以和砖墙、竹篱、栅栏、铁刺丝等结合起来形成围墙。这种绿篱高度一般在 120cm 以上。

② 作为景观绿地的装饰和美化材料。景观小区常需要分割成很多几何图形或不规则形的小块以便观赏，这种观赏局部多以矮小的绿篱各自相围。有时花境、花坛和观赏性草坪的周围也必须用矮小绿篱相围，称为"镶边"。适于做装饰性矮篱的有雀舌黄杨、大叶黄杨、桧柏、金老梅、洒金柏等小叶生长缓慢类型的植物，可突出图案。

③ 作为屏障和组织空间层次作用。在各类绿地及绿化地带中，通常习惯于应用高绿篱作为屏障和分割空间层次，或用它分割不同功能的区域，如公园的游乐场地周围，学校教学楼、图书馆和球场之间，工厂的生产区和生活区之间，医院病房区周围都可配置高绿篱，以阻隔视线、隔绝噪声、减少区域之间相互干扰。

④ 可作为景观背景。景观中常用常绿树修剪成各种形式的绿墙，作为花境、喷泉、雕像的背景。作为花境的背景可以使百花更加艳丽。喷泉或雕像如果有相应的绿篱作背景，则将白色的水柱或浅色的雕像衬托得更加鲜明、生动。

(2) 绿篱的分类

① 按绿篱高度分类。

a. 绿墙，高度在 160cm 以上，可以阻挡人的视线。有的在绿墙中修剪形成绿洞门。

b. 高绿篱，高度为 120~160cm，人的视线可以通过，但人体不能越过。

c. 中绿篱，高度为 50~120cm，人的视线可以通过，但人体有可能越过。

d. 矮绿篱，高度在 50cm 以下，人们能够跨越。

② 根据功能要求和观赏要求分类。

a. 常绿篱。常绿篱一般由灌木或小乔木组成，是景观绿地中应用最多的绿篱形式。该绿篱一般常被修剪成规则式。常采用的树种有桧柏、侧柏、大叶黄杨、瓜子黄杨、女贞、冬青、蚊母、小叶女贞、小叶黄杨、胡颓子、月桂、海桐等。

b. 花篱。花篱是由枝密花多的花灌木组成，通常任其自然生长为不规则形式，至多修剪其徒长的枝条。花篱是景观绿地中比较精美的绿篱形式，一般多用于重点绿化地带，其中常绿的芳香花灌木树种有桂花、栀子花等。常绿及半常绿花灌木树种有六月雪、金丝桃、迎春、黄馨等。落叶花灌木树种有溲疏、锦带花、木、紫荆、郁李、珍珠花、麻叶绣球、绣线菊、金老梅等。

c. 观果篱。通常由果色鲜艳的灌木组成。一般在秋季果实成熟时，景观别具一格。观果篱常用树种有枸杞、火棘、紫珠、忍冬、胡颓子以及花椒等。观果篱在景观绿地中应用较少，一般在重点绿化地带才采用，在养护管理上通常不做大的修剪，至多剪除过长的徒长枝，如修剪过重，则结果率降低，影响其观果效果。

d. 编篱。编篱通常由枝条韧性较强的灌木组成，是在这些植物的枝条幼嫩时编结成一定的网状或格栅状的形式。编篱既可编成规则式，亦可编成自然式。常用的树种有木槿、枸杞、杞柳、紫穗槐等。

e. 刺篱。由带刺的树种组成。常见的树种有枸橘、山花椒、黄刺玫、胡颓子、山皂荚、山里红等。

f. 落叶篱。由一般的落叶树种组成。常见的树种有榆树、雪柳、水蜡树、茶条槭等。

g. 蔓篱。由攀缘植物组成，必须事先设供攀附的竹篱、木栅等。主要植物可选用地棉、蛇葡萄、南蛇藤、十姊妹蔷薇，还可选用草本植物茑萝、牵牛花、丝瓜等。

(3) 绿篱的栽培和养护

绿篱的栽植时间一般在春季。栽植的密度按使用功能、树种、苗木规格和栽植地带的宽度而定。矮绿篱和一般绿篱株距可在 30~50cm，行距为 40~60cm，双行栽植时可用三角形交叉排列。绿墙的株距可采用 1~1.5m。

绿篱栽植时，先按设计的位置放线，绿篱中心线距道路的距离应等于绿篱养成后宽度的一半。绿篱栽植一般用沟植法，即按行距的宽度开沟，沟深应比苗根深 30~40cm，以便换土施肥，栽植后即灌水，次日扶正踩实，并保留一定高度，将上部剪去。

绿篱日常养护主要是修剪。在北方通常每年早春和夏季各修剪一次，以促发枝密集和维持一定形状。绿篱可修剪的形状很多。如有的绿篱修剪成"城堡式"，在入口处剪成门柱形或门洞形等。

5. 攀缘植物

(1) 攀缘植物的生物学特性

攀缘植物是茎干柔弱纤细，自己不能直立向上生长，必须以某种特殊方式攀附于其他植物或物体之上以伸展其躯干，以利于吸收充足的雨露阳光，才能正常生长的一类植物。正是由于攀缘植物的这一特殊的生物学习性，使攀缘植物成为景观绿化中进行垂直绿化的特殊材料。攀缘植物与其他植物一样，有一、二年生的草质藤本，也有多年生的木质藤本；有落叶类型，也有常绿类型。若按照攀缘方式不同可分为自身缠绕、依附攀缘和复式攀缘三大类。自身缠绕的攀缘植物不具有特化的攀缘器官，而是依靠自己的主茎缠绕着其他植物或物体向上生长。依附攀缘植物则具有明显特化的攀缘器官，如吸盘、吸附根、倒钩刺、卷须等，它们利用这些攀缘器官把自身固定在支持物上而向上方和侧方生长。复式攀缘植物是兼具几种攀缘能力来实现攀缘生长的植物。所以在景观植物种植设计时，配置攀缘植物应充分考虑到各种植物的生物学特性和观赏特性。

（2）攀缘植物在景观绿地中的作用

攀缘植物种植又称垂直绿化的种植。这些藤本植物可形成丰富的立体景观。垂直绿化能充分利用土地和空间，并能在短期内达到绿化的效果。人们用它解决城市和某些绿地建筑拥挤、地段狭窄、无法用乔灌木绿化的困难。垂直绿化可使植物紧靠建筑物，既丰富了建筑的立面，活泼了气氛，又在遮阴、降温、防尘、隔离等功能方面效果显著。在城市绿化和景观建设中，广泛地应用攀缘植物来装饰街道、林荫道以及挡土墙、围墙、台阶、出入口、灯柱、建筑物墙面、阳台、窗台等，还可以用攀缘植物装饰亭子、花架、游廊、高大古老的树等。

（3）攀缘植物的种植设计

景观里常用的攀缘植物有紫藤、常春藤、五叶地锦、三叶地锦、葡萄、猕猴桃、南蛇藤、凌霄、木香、葛藤、五味子、铁线莲、茑萝、栝楼、丝瓜、观赏南瓜、观赏菜豆等。它们的生物学特性和观赏特性各有不同。在具体种植时，要从各种攀缘植物的生物学特性出发，因地制宜，合理选用攀缘植物，同时，也要注意与环境相协调。攀缘植物的种植设计用途主要有以下几方面。

① 墙壁的装饰。用攀缘植物垂直绿化建筑和墙壁一般有两种情况：一种是把攀缘植物作为主要欣赏对象，给平淡的墙壁披上绿毯或花毯；另一种是把攀缘植物作为配景以突出建筑物的精细部位。在种植时，要建立攀缘植物的支架，这是垂直绿化成败的主要因素。对于墙面粗糙或有粗大石缝的墙面、建筑，一般可选用有卷须、吸盘、气生根等天然附墙器官的植物，如常春藤、爬山虎、络石等。对于那些墙面光滑或个别露天部分，可用木块、竹竿、板条建造网架，安置在建筑物墙上，以利于攀缘植物生长，有的也可牵上引绳供轻型的一、二年生植物生长。

② 门窗、阳台等装饰品。装饰性要求较高的门窗、阳台最适合用攀缘植物垂直绿化。门窗、阳台前是水泥池，则可利用支架绳索把攀缘植物引到门窗或阳台所要求到达的高度，或可预制种植箱。为确保其牢固性及满足冬季光照需要，一般种植一、二年生落叶攀缘植物。

③ 灯柱、棚架、花架等装饰。在景观绿地中，往往利用攀缘植物来装饰灯柱，可使对比强烈的垂直线条与水平线条得到调和。一般灯柱直接建立在草坪和泥地上，可以在附近直接栽种攀缘植物，在灯柱附近拉上引绳或支架，以引导植物枝叶来美化灯柱基部。如灯柱建立在水泥地上，则可预制种植箱以种植攀缘植物。棚架和花架是景观绿地中较多采用的垂直绿化形式，常用木材、竹材、钢材和水泥柱等构成单边或双边花架、花廊，采用一种或多种攀缘植物成排种植。采用的植物种类有葡萄、凌霄、木香、紫

藤、常春藤等。

6. 色块

景观色彩大多数来自植物的配置，而色彩又是最能引起视觉美感的因素。就景观植物的色彩而言，植物的色彩是十分丰富的，因此景观植物的色彩配置是景观植物设计所不能忽视的。绿地中的色彩是由各种大小色块拼凑在一起的，如蓝色的天空、一丛丛的树林、艳丽的花坛、微波粼粼的水面、裸露的岩石……无论色块大小都各有它的艺术效果，但是为了体现色彩构图之美，就必须对色块的效果有所了解，才能使景观构图效果达到最佳。

（1）色块的体量

色块的大小可以直接影响整个景观的对比和协调，对全园的情趣起到决定性作用。在景观中，同一色相的色块大小的不同，给人的感觉和效果也不同。一般在植物种植设计时，明色、弱色、精度低的植物色块宜大；反之，暗色、强色、精度高的植物色块宜小，让人感到适宜而不刺眼。

（2）色块的浓淡

一般面积大的色块宜用淡色，如草坪、水面等都是淡色，小面积的色块宜浓艳一些，它们相配在一起具有画龙点睛的作用。互成对比的色块宜近观，有加重景色的效果，若远眺则效果减弱。属于暖色系的色彩通常比较抢眼，旁边宜配以冷色系的色彩。由于冷色系的色彩比较不起眼，必须种植较大面积才能在处于相对称的形式下使吸引力平衡，给人以平衡的感觉。所以路边花坛的行道树，内容常相同，以维持色块感觉的平衡，而草坪、水面旁的花境常附以艳丽的花草，使人惊艳，布置出动人的景致。

（3）色块的排列与集散

色块的排列决定了景观的形式，例如模纹花坛的各色团块，整形修剪的绿篱，整形的绿色草坪、水池、花坛等大大小小的整齐色彩排列，都显示了不同的景致。从美学的角度出发，渐变的色块排列使色彩在对比反复的韵律美中形成多样统一的整体和谐。另外，色块的集散（集中与分散）也是表现色彩效果的重要手段之一，一般集中则效果加重，分散则效果减弱，如花坛的单种集栽与花境中的多样散植，在景观效果上就迥然不同。当然，色块的排列、集散等在植物种植设计中，应首先考虑遵循植物配色理论、人们的习惯和美学原理，这样才能使植物设计美不胜收。

7. 植物种植设计方法

在整个景观植物中，乔、灌木是骨干材料，在城市的绿化中起骨架和支柱作用。乔、灌木具有较长的寿命、独特的观赏价值、经济生产作用和卫生防护功能。又由于乔、灌木的种类多样，既可单独栽植，又可与其他材料配合组成丰富多变的景观景色，因此在景观绿地中所占比重较大，一般占整个种植面积的半数左右，其余半数则是草坪及地被植物，故在种植类型上必须重点考虑。

（1）孤植

① 孤植树在景观造景中的作用。景观中的优型树单独栽植时，称为孤植。孤植的树木称之为孤植树。广义地说，孤植树并不等于只种一株树。有时为了构图需要，增强繁茂、葱茏、雄伟的感觉，常用两株或三株同一品种的树木，紧密地种于一处，形成一个单元，使人们感觉宛如一株多杆丛生的大树。孤植树的主要功能是遮阴并作为

观赏的主景，以及建筑物的背景和侧景。

② 作为孤植树应具备的条件。孤植树主要表现树木的个体美，在选择树种时必须突出个体美，例如体形特别巨大、轮廓富于变化、姿态优美、花繁实累、色彩鲜明、具有浓郁的芳香等。如轮廓端正明晰的雪松，姿态丰富的罗汉松、五针松，树干有观赏价值的白皮松、梧桐，花大而美的白玉兰、广玉兰，以及叶色有特殊观赏价值的元宝槭、鸡爪槭等。选择作为孤植树的植物还应是生长旺盛、寿命长、虫害少、适应当地立地条件的树种。

③ 孤植树的位置选择。孤植树种植的位置要求比较开阔，不仅要保证树冠有足够的生长空间，而且要有比较适合观赏的视距和观赏点。尽可能有天空、水面、草坪、树林等色彩单纯而又有一定对比变化的背景加以衬托，以突出孤植树在树体、姿态、色彩方面的特色，并丰富风景天际线的变化。一般在景观中的空地、岛、半岛、岸边、桥头、转弯处、山坡的突出部位、休息广场、树林空地等都可考虑种植孤植树。

孤植树在景观构图中，并不是孤立的，它与周围的景物统一为景观的整体构图中，如图 5.4 所示。孤植树在数量上是少数的，但如运用得当，能起到画龙点睛的效果。它可作为周围景观的配景，周围景观也可以作为它的配景，它是景观的焦点。孤植树也可作为景观中从密林、树群、树丛过渡到另一个密林的过渡景。

图 5.4　孤植树位置示意

④ 孤植树的树种选择。宜作为孤植树的树种有雪松、金钱松、马尾松、白皮松、垂枝松、香樟、黄樟、悬铃木、榉树、麻栎、杨树、皂荚、重阳木、乌桕、广玉兰、桂花、七叶树、银杏、紫薇、垂丝海棠、樱花、红叶李、石榴、苦楝、罗汉松、白玉兰、碧桃、鹅掌楸、辛夷、青桐、桑树、白杨、丝棉木、杜仲、朴树、榔榆、香椿、蜡梅等。

(2) 对植

① 对植的作用。对植树一般是指两株树或两丛树按照一定的轴线关系左右对称或均衡的种植方法，主要用于公园、建筑前、道路、广场的出入口，起遮阴和装饰美化的

作用。在构图上形成配景或夹景，起陪衬和烘托主景的作用。

② 对植的方法和要求。规则式对称一般采用同一树种、同一规格，按照整体景物的中轴线成对称配置。一般多运用于建筑较多的景观绿地。自然式对称是采用两株不同的树木（树丛），在体形、大小上均有差异，种植在不同对称等距，以主体景物的中轴线为支点取得均衡的位置，以表现树木自然的变化。规格大的树木距轴线近，规格较小的树木距轴线远，树姿动势向轴线集中。自然式对称变化较大，形成的景观比较生动活泼。

对植物的选择不用太严格，无论是乔木、灌木，只要树形整齐美观均可采用，在植物附近根据需要还可配置山石花草。对植的树木在体形大小、高矮、姿态、色彩等方面应与主景和环境协调一致。

（3）丛植。树丛的组织通常是由2株乃至9或10株乔木构成的。树丛中如加入灌木时，可多达15株左右。将树木成丛地种植在一起即称之为丛植。树丛的组合主要考虑群体美，彼此之间既有统一的联系，又有各自的变化，分别主次配置、地位相互衬托，但也必须考虑其统一构图表现出单株的个体美，因此在构思时必须先选择单株树，选择单株树的条件与选择孤植树相同。

丛植在景观功能和布置要求上与孤植树相似，但观赏效果则较孤植树更为突出。作为纯观赏或诱导树丛，可用两种以上乔木搭配，或乔木、灌木混合配置，有时亦可与山石、花卉相结合。作为庇荫的树丛，宜用品种相同、树冠开展的高大乔木，一般不与灌木相配，但树下可放置自然形态的景石或座椅，以供休息。通常园路不宜穿过树丛，以免破坏树丛的整体性。树丛的标高要超出四周的草坪或道路，这样既有利于排水，又在构图上显得更为突出。作为主景用的树丛常布置在公园入口或主要道路的交叉口、弯道的凹凸部分、草坪上或草坪周围、水边、斜坡及土岗边缘等，以形成美丽的立面景观和水景画面。在人视线集中的地方，也可利用具有特殊观赏效果的树丛作为局部构图的全景。在弯道和交叉口处的树丛又可作为自然屏障，起到十分重要的障景和导游作用。作为建筑、雕塑的配景或背景树丛，在一些大型的建筑旁布置孤植树或对植时，常显得不协调，或不足以衬托建筑物的气氛，这时常用树丛作为背景。为了突出雕塑、纪念碑等景物的效果，常用树丛作为背景和陪衬，形成雄伟壮丽的画面。但在植物的选择上应该注意树丛的体形、色彩与主体景物的对比、协调。

对于比较狭长而空旷的空间或水面，为了增加景深和层次，可利用树丛作为适当的分隔，消除景观单调的缺陷，增加空间层次，如视线前方有景物可观，可将树丛分布在视线两旁或前方形成夹景、框景、漏景。丛植的布置形式主要有以下几类。

① 两株配合。构图按矛盾统一原理，两树相配，必须既调和又对比，二者成为对立统一体。故两树首先须有同相，即采用同一树种（或外形十分相似的不同树种）才能使两者统一起来；但又必须有殊相，即在姿态和体形大小上，两树应有差异，才能有对比而生动活泼。

② 三株树丛的配植。三株树组成的树丛，树种的搭配不宜超过两种，最好是同为乔木或同为灌木，如果是单纯树丛，姿态要有对比和差异，如果是混交树丛，则单株应避免选择最大的或最小的树形。栽植时三株忌在一直线上，也忌呈等边三角形。三株中最大的1株和最小的1株要靠近些，在动势上要有呼应，三株树呈不等边三角形。在选

择树种时要避免因体量差异太悬殊、姿态对比太强烈而造成构图的不统一。例如1株大乔木广玉兰之下配植2株小灌木红叶李，或者2株大乔木香樟下配植1株小灌木紫荆，由于体量差异太大，配植在一起对比太强烈，构图效果就不统一。再如1株落羽杉和2株龙爪槐配植在一起，因为体形和姿态对立性太强烈，构图效果也不协调。因此，三株配植的树丛，最好选择同一树种而体形、姿态不同的三株树进行配植。如采用两种树种，最好为类似的树种，如落羽杉与水杉或池柏、山茶与桂花、桃花与樱花、红叶与石楠等，如图5.5所示。

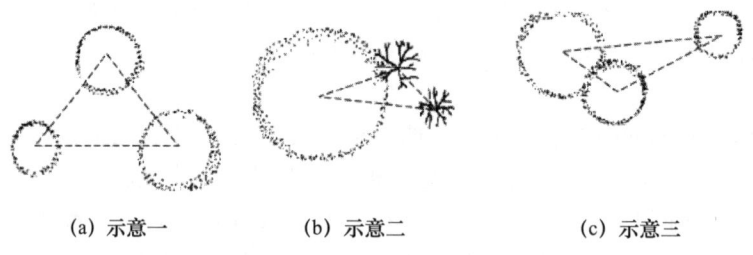

(a) 示意一　　　　(b) 示意二　　　　(c) 示意三

图5.5　三株树丛的配植示例

③ 四株树丛的配植。四株的配合可以是单一树种，也可以是两种不同树种。如是同一树种，各株树要在体形、姿态上有所不同；如是两种不同的树种，最好选择外形相似的不同树种，但外形相差不能很大，否则就难以协调。四株配合的平面可有两个类型：一为不等边四边形；一为不等边三角形，成3：1的组合，而四株中最大的1株必须在三角形一组内。四株配植中，其中不能有任何3株成一直线排列。

④ 五株树丛的配植。五株树丛的配植可以分为两组形式，这两组的数量既可以是3：2，也可以是4：1。在3：2配植中，要注意最大的1株必须在3株的一组中，在4：1配植中，要注意单独的一组既不能最大也不能最小，两组之间的距离不能太远。树种的选择可以是同一树种，也可以是两种或三种的不同树种。如果是两种树种，则一种树为3株，另一种树为2株，而且在体形、大小上要有差异，不能一种树为1株，另一种树为4株，这样就不合适，易失去均衡。在栽植方法上可分为不等边的三角形、四边形、五边形。在具体布置上，可以常绿树组成稳定树丛，常绿树和落叶树组成半稳定树丛，落叶树组成不稳定树丛。在3：2或4：1的配植中，同一树种不能在一组中，这样不易呼应，没有变化。

⑤ 六株及以上树丛的配植。六株及以上树丛的配植，一般是由2株、3株、4株、5株等基本形式交相搭配而成的。例如，2株与4株，则成6株的组合；5株与2株相搭，则为7株的组合，都构成6株以上。它们均是几个基本形式的复合体。因此，株数虽增多，仍有规律可循。只要基本形式掌握好，七株、八株、九株乃至更多树丛的配植，均可类推。其关键在于调和中有对比，差异中有稳定。株数太多时，树种可增加，但必须注意外形不能差异太大。一般来说，在树丛总株数七株以下时树种不宜超过三种，十五株以下不宜超过五种。

(4) 群植

用数量较多的乔灌木（或加上地被植物）配植在一起，形成一个整体，称为群植。树群的灌木一般在20株以上。树群与树丛不仅在规格、颜色、姿态上有差别，而且在表现的内容方面也有差异。树群表现的是整个植物体的群体美，人们可以观赏它的层次、外缘和林冠等。树群是景观的骨干，用以组织空间层次、划分区域；根据需要，也可以以一定的方式组成主景或配景，起隔离、屏障等作用。

树群的配植因树种的不同可以组成单纯树群或混交树群。混交树群是景观中树群的主要形式，所用的树种较多，能够使林缘、林冠形成不同层次。混交树群的组成一般可分为4层，最高层是乔木层，是林冠线的主体，要求有起伏的变化；乔木层下面是亚乔木层，这一层要求叶形、叶色都要有一定的观赏效果，与乔木层在颜色上形成对比；亚乔木层下面是灌木层，这一层要布置在向阳处，以花灌木为主；最下一层是草本地被植物层。

树群内的植物栽植距离要有疏密变化，要构成不等边三角形，不能成排、成行、成带地等距离栽植。常绿、落叶、观叶、观花的树木，因面积不大，不能用带状混交，也不可用片状混交，应该用复合混交、小块混交与点状混交相结合的形式。

在树种的选择方面，应注意组成树群的各类树种的生物学特性，在外缘的树木受环境的影响大，在内部的树木相互间影响大。树群栽植在郁闭之前，所受外界影响占优势。根据这一特点，喜光的阳性树不宜植于树群内，更不宜作下木，阴性树木宜植于树群内。树群的第一层乔木应该是阳性树，第二层亚乔木则应是中性树，第三层分布在东、南、西三面外缘的灌木，可以是阳性的，而分布在乔木下以及北面的灌木则应该是中性树或是阴性树。喜暖的植物应配植在南面或西南面。

关于树群的外貌，要注意植物的季相变化，整个树群四季都有变化。例如，采用以大乔木为广玉兰，亚乔木为白玉兰、紫玉兰或红枫，大灌木为山茶、含笑，小灌木为火棘、麻叶绣球所配植的树群。广玉兰为常绿阔叶乔木，作为背景，可使玉兰的白花特别鲜明，山茶和含笑为常绿中性喜暖灌木，可作下木，火棘为阳性常绿小灌木，麻叶绣球为阳性落叶花灌木。在江南地区，2月下旬，山茶最先开花；3月上旬，白玉兰、紫玉兰开花，白、紫相间又有深绿的广玉兰作背景；4月中下旬，麻叶绣球开白花，又和大红山茶形成鲜明对比，此后含笑又继续开花，芳香浓郁；10月间火棘又结红色硕果，红枫叶色转为红色。这样的配植，兼顾了树群内各种植物的生物学特性，又丰富了季相变化，使整个树群生气勃勃、欣欣向荣，如图5.6所示。

图5.6 群植示意

当树群面积、株数都足够大时，它既构成森林景观又发挥特别的防护功能，这样的大群则称之为林植或树林，它是大量栽植乔、灌木的一种景观绿地。树林在景观绿地面积较大的风景区中应用较多。一般可分为密林、疏林两种，密林的郁闭度可达70%～95%，疏林的郁闭度则在40%～60%。树林又分为纯林和混交林。一般讲，纯林树种单一，生长速度一致，形成的林缘线单调平淡，而混交林树种变化多样，形成的林缘线季相变化复杂，绿化效果也较生动。

(5) 列植

列植系指乔、灌木按一定的直线或缓弯线成排成行地栽植，行列栽植形成的景观比较单纯、整齐，它是规划式景观以及广场、道路、工厂、矿山、居住区、办公楼等绿化中广泛应用的一种形式。列植可以是单行，又可以是多行，其株行距的大小决定于树冠的成年冠径。若期望在短期内产生绿化效果，株行距可适当小些、密些，待成年时伐去一些，以解决过密的问题。

列植的树种，从树冠形态看最好是比较整齐，如圆形、卵圆形、圆形、塔形的树冠，枝叶稀疏、树冠不整齐的树种不宜用。由于行列栽植的地点一般受外界环境的影响大，立地条件差，因此在树种的选择上，应尽可能采用生长健壮、耐修剪、树干高、抗病虫害的树种。在种植时要处理好和道路、建筑物、地下和地上各种管线的关系。

列植范围加大后，可形成林带。林带是数量众多的乔灌木，树种呈带状种植，是列植的扩展种植，它在景观绿化中用途很广，有遮阴、分割空间、屏障视线、防风、阻隔噪声等作用。作为遮阴功能的乔木，应该选用树冠呈伞状开展的树种。亚乔木和灌木要耐荫，数量不能多。林带与列植的不同在于，林带树木的栽植要能成行、成排、等距，天际线要有起伏变化。林带可由多种乔、灌木树种结合，在选择树种上要富于变化，以形成不同的季相景观。

5.3.4 景观小品设计

小品原指简短的杂文或其他短小的艺术表现形式，突出的特点是短小精致。把小品的概念引入景观艺术设计中来，就有了景观小品的定义。景观小品是指那些体量小巧、功能简单、造型别致、富有情趣、内容丰富的精美构筑物，如轻盈典雅的小亭、舒适趣味的座椅、简洁新颖的指示牌、方便灵巧的园灯，还有溪涧上富于自然情趣的汀步等。景观小品是设计师经过艺术构思、创作设计并建造出来的环境景物，它们既有功能上的要求，又有造型和空间组合上的美感要求，作为造景素材的一部分，它们是景观环境中具有较高观赏价值和艺术个性的小型景观。

1. 设计注意点

景观小品的设计要注意以下几点。

(1) 与整体环境的协调统一

景观小品的设计和布置要与整体环境协调统一，在统一中求变化。

(2) 便于维护并具有耐久性。景观小品放在室外环境中，属于公用设施，因此要考虑到便于管理、清洁和维护；同时受气候条件的影响，也要考虑小品材料的耐久性；在色彩和质量的处理上要综合考虑。

(3) 安全性

景观小品的设计要具有安全性，如水上桥、廊的使用要有栏杆做防护，儿童游乐设施要有足够的安全措施，等等。

2. 设计要素

(1) 花架

① 花架在景观绿地中的作用。

a. 遮阴功能。花架既是攀缘植物的棚架，又是人们消夏纳凉的场所，可供游人休息、乘凉，欣赏周围的风景。

b. 景观效果。花架在造园设计中往往具有亭、廊的作用，作长线布置时，就像游廊一样能发挥建筑空间的脉络的作用，形成导游路线；也可用来划分空间，增加风景的浓度。作点状布置时，就像亭子一样，形成观赏点，并可以在此组织对环境景色的观赏。花架在景观中除供植物攀缘外，有时也取其轻盈之特点，以点缀景观建筑的某些墙段或檐头，使之更加活泼和具有景观的性格。另外，花架本身优美的外形也对环境起到装饰作用。

c. 花架在建筑上能起到纽带作用。花架可以联系亭、台、楼、阁，具有组景的功能。

② 花架的位置选择。花架的位置选择较灵活，公园隅角、水边、园路一侧、道路转弯处、建筑旁边等都可设置。在形式上既可与亭廊、建筑组合，也可单独设立于草坪之上。花架在庭院中的布局可以采取附建式，也可以采取独立式。附建式属于建筑的一部分，是建筑空间的延续。它应保持建筑自身统一的比例与尺度，在功能上除供植物攀缘或设桌凳供游人休息外，也可以只起装饰作用。独立式的布局应在庭院总体设计中加以确定，它可以在花丛中，也可以在草坪边，使庭院空间有起有伏，增加平坦空间的层次。有时亦可傍山临池随势弯曲。花架如同廊道也可起到组织游览路线和组织观赏景点的作用，布置花架时一方面要格调清新，另一方面要注意与周围建筑和绿化在风格上的统一。

③ 花架常用的建造材料及植物材料。可用于花架的建造材料很多。简单的棚架，可用竹、木搭成，自然而有野趣，能与自然环境协调，但使用期限不长。坚固的棚架用砖石、钢管或钢筋混凝土等建造，美观、坚固、耐用，维修费用少。

花架的植物材料选择要考虑花架的遮阴和景观作用两个方面，多选用藤本蔓生并且具有一定观赏价值的植物，如常春藤、络石、紫藤、凌霄、地锦、南蛇藤、五味子、木香等。也可考虑使用有一定经济价值的植物如葡萄、金银花、猕猴桃等。

④ 花架的造型设计。花架造型比较灵活和富于变化，最常见的形式是梁架式，也就是人们所熟悉的"葡萄架"式。半边列柱半边墙垣，造园趣味类似半边廊，在墙上亦可以开设景窗使意境更为含蓄。此外，新的形式还有单排柱花架或单柱式花架及圆形花架。单排柱的花架仍然保持廊的造园特征，它在组织空间和疏导人流方面，具有同样的作用，但在造型上更加轻盈自由。单柱式的花架很像一座亭子，只不过顶盖是由攀缘植物的叶与蔓组成。

花架的设计往往同其他小品相结合，形成一组内容丰富的小品建筑，如布置坐凳供人小憩，墙面开设景窗、漏花窗，柱间嵌以花墙，周围点缀叠石小池以形成吸引游人的景点。

(2) 亭

① 亭在景观绿地中的作用。

a. 景观作用。亭在景观中常作为对景、借景、点缀风景用，也是人们游览、休息、赏景的最佳处。

b. 使用功能。亭子在功能上，主要是为了解决人们在游赏活动的过程中，驻足休息、纳凉避雨、纵目眺望的需要，在使用功能上没有严格的要求。

② 亭子的位置选择。亭子在景观布局中，其位置的选择极其灵活，不受格局所限，可独立设置，也可依附于其他建筑物而组成群体，更可结合山石、水体、大树等，得其天然之趣，充分利用各种奇特的地形基址创造出优美的景观意境。

a. 山上建亭。山上建亭，常选用的位置有山巅、山腰台地、悬崖峭壁、山坡侧旁、山洞洞口、山谷溪涧等处。亭与山的结合可以共筑成景，成为一种山景的标志。亭立于山顶以升高视点俯瞰山下景色，如北京香山重阳阁前方亭；列亭于山坡可作背景，如颐和园万寿山前坡佛香阁两侧有各种亭对称布置，甚为壮观；山中置亭有幽静深邃的意境，如北京植物园内拙山亭；山上建亭还有的是为了与山下的建筑取得呼应。颐和园和承德避暑山庄全园大约有 1/3 数量的亭子放在山上，绝大部分取得了很好的效果。

b. 临水建亭。在中国传统景观中，水际安亭是一个优秀的实例。临水的岸边、水边石矶、水中小岛、桥梁之上等处都可设立。

c. 水边设亭。一方面是为了观赏水面的景色，另一方面也是为了丰富水景效果。水面设亭，一般应尽量贴近水面，宜低不宜高，突出亭为三面环水或四面环水的意境。

d. 凸入水中或完全架设于水面之上的亭，也常立基于岛、半岛或水面石台之上，以堤、桥与岸相连，如颐和园的知春亭。完全临水的亭应尽可能贴近水面，切忌用混凝土柱墩把亭子高高架起，使亭子失去了与水面之间的贴切关系，比例失调。为了造成亭子有漂浮于水面的感觉，设计时还应尽可能把亭子下部的柱墩缩到挑出的底板边缘的后面去，或选用天然的石料包住混凝土柱墩，并在亭边的沿岸和水中散置叠石，以增添自然情趣。

e. 水际安亭。需要注意选择好观水的视角，还要注意亭在风景画面中的恰当位置。水面设亭在体量上的大小，主要看它所面对的水面的大小而定。位于开阔湖面的亭子尺度一般较大，有时为了强调一定的气势和满足景观规划的需要，还把几个亭子组织起来，成为一组亭子组群，形成层次丰富、体形变化的建筑形象，给人以强烈的印象。

f. 桥上置亭，也是我国景观艺术处理上的一个常见手法。

③ 亭与植物结合。亭与景观植物的结合往往能够产生较好的效果。中国古典景观中，有很多亭直接引用植物如牡丹亭、桂花亭、仙梅亭、荷风四面亭等。亭名因植物而出，再加上诗词牌匾的渲染，可以使环境空间有声有色，如无锡惠山寺旁的听松亭，以松涛为主题，创造出"万壑风生成夜响，千山月照挂秋阴"的意境。拙政园中荷风四面亭的题联为"四面荷花三面柳，半潭秋水上房山"。亭旁种植物应有疏有密，精心配置，不可壅塞，要有一定的欣赏、活动空间，山顶植树更须留出从亭往外看的视线空间。

④ 亭与建筑的结合。亭与建筑的结合有两种类型：一种类型是亭与建筑相连，亭是建筑群中的一部分，建筑群是一个完整的形象；另一种类型是，亭与建筑分离，亭是一个空间中的组成部分，作为一个独立的单体存在。亭与建筑物组配在一个空间中，它可以起到非常好的审美效果：在建筑群前轴线两侧列亭，左右对称，强化建筑的庄重、

威严。很多庙宇前设钟鼓亭就有这种效果，如山西大同华严寺钟鼓亭、北京北海琼华岛南坡永安寺前的钟鼓亭等。有的把亭置于建筑群的一角，使建筑组合更加活泼生动，如北京长春园中玉玲珑馆的西南角安放四方亭，在玉玲珑馆的东南隔岸映清斋后也安放四方亭。两亭虽大小不同，却可使两组建筑互相呼应；扬州寄啸山庄澄心亭位于三面建筑环抱的水池中，使空间增添了层次。除以上常见的位置外，亭还经常设立于密林深处、庭院一角、花间林中、草坪中、园路中间以及园路侧旁等平坦处。

⑤ 亭的平面及立面设计。亭的形式很多，从平面上可分为三角亭、方形亭、五角亭、六角亭、八角亭、十字亭、圆亭、蘑菇亭、伞亭、扇面亭等。依其组合不同又可分为单体式、组合式、与廊墙相结合的三种形式。依位置不同又可分为山亭、水亭、桥亭等。亭的立面造型，从层数上看，有单层和两层两种。中国古代的亭本为单层，两层以上应算作楼阁。但后来人们把一些二层或三层类似亭的阁也称之为亭，并创作出了一些新的二层的亭式。亭的立面有单檐和重檐之分，也有三重檐的。亭顶的形式则多采用攒尖顶、歇山顶，也有用盔顶式的，现代景观中用钢筋混凝土做平顶式亭较多，也做了不少仿攒尖顶、歇山顶等形式的。在建筑材料的选用上，中国传统的亭子以木构瓦顶的居多，也有木构草顶及全部是石构的。现代景观多用水泥、钢木等多种材料，制成仿竹、仿松木的亭，有些山地名胜地，用当地随手可得的树干、树皮、条石构亭，亲切自然，与环境融为一体，更具地方特色，造型丰富，风格多样，具有很好的效果。

(3) 廊

① 廊在景观造景中的作用。

a. 联系功能。廊将景观中各景区、景点连成有序的整体，虽散置但不零乱。廊将单体建筑连成有机的群体，使主次分明，错落有致。廊可配合园路，构成全园交通、游览及各种活动的通道网络，以"线"联系全园。

b. 分隔空间并围合空间。在花墙的转角、尽端划分出小小的天井，以竹石、花草构成小景，可使空间相互渗透，隔而不断，层次丰富。廊又可将空旷开敞的空间围成封闭的空间，在开朗中有封闭，热闹中有静谧，使空间变幻的情趣倍增。

c. 组廊成景。廊的平面可自由组合，廊的体态又通透开敞，尤其是善于与地形结合，与自然融为一体，在景观景色中体现出自然与人工结合之美。

d. 实用功能。廊具有系列长度的特点，最适于作展览用房。现代景观中各种展览廊，其展出内容与廊的形式结合得尽善尽美，如金鱼廊、花卉廊、书画廊等，极受群众欢迎。此外，廊还有防雨淋、避日晒的作用，形成休憩、观赏的佳境。

廊在近现代景观中，还经常被运用到一些公共建筑（如旅馆、展览馆、学校、医院等）的庭院内，它一方面是作为交通联系的通道，另一方面又作为一种室内外联系的"过渡空间"。把室内外空间紧密地联系在一起，互相渗透、融合，形成生动、诱人的一种空间环境。

② 廊的形式与位置选择。

根据廊的平面与立面造型，可分为空廊（双面空廊）、半廊（单面空廊）、复廊、双层廊（又称复道阁廊）、爬山廊、曲廊（波折廊）等。

③ 廊的位置选择。在平地、水边、山坡等各种不同的地段上建廊，由于不同的地

形与环境，其作用及要求亦各不相同。

a. 平地建廊。常建于草坪一角、休息广场中、大门出入口附近，也可沿园路或用来覆盖园路，或与建筑相连等。在小空间或小型景观中建廊，常沿界墙及附属建筑物以"占边"的形式布置。平地上建廊还作为景观的导游路线来设计，经常连接于各风景点之间。廊子平面上的曲折变化完全视其两侧的景观效果和地形环境来确定，随形而弯，依势而曲，蜿蜒透迤，自由变化。有时，为划分景区，增加空间层次，使相邻空间既有分又有联系的效果，也常常选用廊子作为空间划分的手段，或者把廊、墙、花架、山石、绿化等互相配合起来进行。在新建的一些公园或风景区的开阔空间环境中建游廊，利用廊子围合、组织空间，并于廊两侧空间设置座椅，提供休息环境，廊的平面方向则面向主要景物。

b. 水上建廊。一般称之为水廊，供欣赏水景及联系水上建筑之用，形成以水景为主的空间。水廊有位于岸边和完全凌驾水上两种形式。位于岸边的水廊，廊基一般紧接水面，廊的平面也大体贴近岸边，尽量与水接近。在水岸曲折自然的情况下，廊大多沿着水边形成自由式格局，顺自然之势与环境相融合。架设于水面之上的水廊，以露出水面的石台或石墩为基，廊基一般宜低不宜高，最好使廊的底板尽可能贴近水面，并使两边水面能穿经廊下而互相贯通，人们漫步水廊之上，左右环顾，宛若置身水面之上，别有风趣。

c. 山地建廊。供游山观景和联系山坡上下不同标高的建筑物之用，也可借此丰富山地建筑的空间构图。爬山廊有的位于山的斜坡，有的依山势蜿蜒转折而上。

④ 廊的设计。

a. 廊的平面设计。根据廊的位置和造景需要，廊的平面可设计成直廊、弧形廊、曲廊、回廊及圆形廊等。

b. 廊的立面设计。廊的立面基本形式有悬山、歇山、平顶廊、折板顶廊、十字顶廊、伞状顶廊等。

(4) 园路

① 园路的功能。园路像人体的脉络一样，是贯穿全园的交通网络，是联系各个景区和景点的纽带和风景线，是组成景观风景的造景要素。园路的走向对景观的通风、光照、环境状况都有一定的影响，因此无论在实用功能上，还是在美观方面，园路均发挥着重要的作用。

a. 组织空间、引导游览。园路既是景观分区的界线，又可以把不同的景区联系起来通过园路的引导，将全园的景色逐一展现在游人眼前，使游人能从较好的位置去观赏景致。在公园中常常利用地形、建筑、植物或道路把全园分隔成各种不同功能的景区，同时又能通过道路把各个景区联系成一个整体。其中游览程序的安排对中国景观来讲是十分重要的，它能将设计者的造景序列传达给游客。园路正是起到了组织景观的观赏程序，向游客展示景观风景画面的作用。它能通过自己的布局和路面铺砌的图案，引导游客按照设计者的意图、路线和角度来游赏景物。

b. 组织交通。园路既对游客的集散、疏导有重要作用，也满足景观绿化、建筑维修养护、管理等工作的运输需要，承担安全、防火、职工生活、公共餐厅、小卖部等园务工作的运输任务。对于小公园，这些任务可综合考虑，对于大型公园，由于园务工作交通量大有时可以设置专门的路线。

c. 构成园景。园路优美的曲线，丰富多彩的路面铺装，与周围的山体、建筑、花草树木、石景等紧密结合，不仅是"因景设路"，而且是"因路得景"。所以园路可行、可游，行游相统一。

② 园路的分类。园路按功能可分为主要园路（主干道）、次要园路（次干道）和游憩小路（游步道）。按路面材料可分为土草路、泥结碎石路、块石冰纹路、砖石拼花路、条石铺装路、水泥预制块路、方砖路、混凝土路、沥青柏油路、沥青砂混凝土路等。

a. 主干道。供大量游人行走，必要时通行车辆。主干道要接通主要入口处，并要贯通全园景区，形成全园的骨架。

b. 次干道。主要用来把景观分隔成不同景区。它是各景区的骨架，同附近景区相通。

c. 小道。为引导游人深入景点、探幽寻胜之路，如游山峦、小岛、水涯、峡谷、疏林、草地等处的道路。

③ 园路的设计。

a. 平面线形设计

一方面是园路的宽度要求。在总体规划时应首先确定园路的位置，在进行园路技术设计时，还应对下列内容进行复核：重点风景区的游览大道及大型景观的主干道的路面，应考虑能通行大卡车、大型客车。由于园内交通的需要，公园主干道应能通行卡车。重点文物保护区的主要建筑物四周的道路，应能通行消防车，其路面宽度一般为3.5m。游步道一般为1~2.5m，小径也可小于1m。由于特殊需要，游步道宽度的上下限允许灵活些。游人及各种车辆的最小运动宽度，见表5.1。

表5.1 游人及各种车辆的最小运动宽度表

种类	最小宽度/m	种类	最小宽度/m
单人	0.75	小轿车	2.00
自行车	0.6	消防车	2.06
三轮车	1.24	卡车	2.50
手扶拖拉机	0.84~1.5	大轿车	2.66

另一方面是园路的平面造型。规则式景观的园路造型应用直线条；自然式景观中采用迂回曲折的弧形线、蜿蜒曲折、避免构成直线，宽度可依自然地形设计，可宽可窄，以不影响行人为度，看不出有人工改造的痕迹。但曲折不能过多，曲度半径不宜相等，曲折必须有目的。如岩石当前，怪石崎岖，就须石径盘旋、蜿蜒而上，陡处必须设石级。

b. 园路的纵断面设计。园路纵断面设计的要求：第一，根据造景的需要，随地形的变化而起伏变化；第二，在满足造园艺术要求的情况下，尽量利用原地形，保证路基的稳定并减少土方量；第三，园路与相连的城市道路在高程上应有合理的衔接；第四，园路应配合组织园内地面水的排除。不同材料路面的排水能力不同，因此，各种类型路面对纵横坡度的要求也不同，见表5.2。

表 5.2　各种类型路面的纵横坡度表

路石类型	纵度/‰ 最小	纵度/‰ 最大 游览大道	纵度/‰ 最大 园路	纵度/‰ 最大 特殊	横度/‰ 最小	横度/‰ 最大
水泥混凝土路面	3	60	70	100	1.5	2.5
沥青混凝土路面	3	50	60	100	1.5	2.5
块石、炼砖路面	4	60	80	110	2	3
拳石、卵石路面	5	70	80	70	3	4
粒料路面	5	60	80	80	2.5	3.5
改善土路面	5	60	60	80	2.5	4
游步小道	3	—	80	—	1.5	3
自行车道	3	30	—	—	1.5	2
广场、停车场	3	60	70	100	1.5	2.5
特别停车场	3	60	70	100	0.5	1

在游步道上，道路的起伏可大一些，一般在12°以下为舒适的坡道。超过12°时行走较费力。在游览性公路设计时，还要考虑路面视距与会车视距。供残疾人使用的园路在设计时的具体做法参照《无障碍设计规范》（GB 50763—2012）。

④ 园路的铺装。园路作为景观绿地设计要素，在满足其功能要求的基础上，还要充分考虑其景观效果要以多种多样的形态、花纹来衬托景色，美化环境。在进行路面图案设计时，应与景区的意境相结合，即要根据园路所在的环境，选择路面的材料、质感、形式、尺度与研究路面图案的寓意、趣味，使路面更好地成为园景的组成部分。路面的铺装有水泥、油渣、预制水泥板、卵石、砖铺等。应根据用途和创造意境而定。

（5）园桥

① 园桥的作用。景观中的桥是风景桥，它是风景景观的一个重要组成部分。桥具有三重作用：一是悬空的道路，起组织游览线路和交通功能，并可变换游人观景的视线角度；二是凌空的建筑，点缀水景，本身常常就是景观一景，在景观艺术上有很高的价值，往往超过其交通功能。加建亭廊的桥，称亭桥或廊桥；三是分隔水面，增加水景层次，水面被划分为大与小，桥则在线（路）与面（水）之间起中介作用。

② 园桥的分类。

a. 平桥。简朴雅致，紧贴水面，它或增加风景层次，或便于观赏水中倒影、池里游鱼，或平中有险，别有一番乐趣。

b. 曲桥。曲折起伏多姿，无论三折、五折、七折、九折，在景观中通称曲桥或折桥，它为游客提供了各种不同角度的观赏点，桥本身又为水面增添了景致。

c. 拱桥。多置于大水面，它是将桥面抬高，做成玉带的形式。这种造型优美的曲线，圆润而富有动感，既丰富了水面的立体景观，又便于桥下通船。

d. 屋桥。屋桥是以石桥为基础，在其上建有亭、廊等，因此又叫廊桥，其功能除交通和造景外，还可供人休憩。

e. 亭桥是架在水上的亭，处于较大的水面上，具有气势磅礴之意，宜于四周观景，可供游人赏景、游憩、避雨、遮日。

③ 园桥的设计方法。

a. 园桥的位置选择。在风景景观中,桥位选址与总体规划、园路系统、水面的分隔或聚合、水体面积大小密切相关。大水面架桥借以分隔水面时,宜选在水面岸线较狭处,既可减少桥的工程造价,又可避免水面空旷。建桥时,应适当抬高桥面,既可满足通航的要求,还能框景,增加桥的艺术效果。附近有建筑的,更应推敲园桥体形的细部表现。小水面架桥体量宜小而轻,体形细部应简洁,轻盈质朴。同时,宜将桥位选择在偏居水面的一隅,以期水系藏源,产生"小中见大"的景观效果。在水势湍急处,桥宜凌空架高,并加栏杆,以策安全,以壮气势。水面高程与岸线齐平处,宜使桥平贴水波,使人接近水面,产生凌波亲切之感。

b. 园桥的设计。单跨平桥,造型简单能给人以轻快的感觉。有的单跨平桥用天然石块稍加整理作为桥板架于溪上,不设栏杆,只在桥端两侧置天然景石隐喻桥头,简朴雅致。如苏州拙政园曲径小桥、广州荔湾湖公园单跨仿木平板桥,亦具田园风趣。曲折平桥,多用于较宽阔的水面而水流平静者。为了打破一跨直线平桥过长的单调感,可架设曲折桥式。曲折桥有两折、三折、多折等。如上海城隍庙豫园的九曲桥,饰以华丽栏杆与灯柱,形态绚丽,与庙会的热闹气氛相协调。拱券桥,用于庭园中的拱券桥多以小巧取胜。网师园石拱桥以其较小的尺度、低矮的栏杆及朴素的造型和周围的山石树木配合得体著称。广州流花公园混凝土薄拱桥造型简洁大方,桥面略高于水面,在庭园中形成小的起伏,颇富新意。汀步水景的布置除桥外在景观中亦喜用汀步。汀步宜用于浅水河滩,平静水池,山林溪涧等地段。

3. 景观小品设计内容

(1) 园桌、园椅、园凳

园椅、园凳是供游人休息、赏景用的,一般布置在人流较多、景色优美的地方,如树荫下、河湖水体边、路边、广场、花架下等。有时还可设置园桌,供游人休息娱乐用。同时,这些桌椅本身的艺术造型也能装点景观景色。

① 基本尺寸。园椅、园凳的高度宜在 30cm 左右,不宜太高,否则游人坐着有不安全之感。基本尺寸见表 5.3。

表 5.3 园椅、园凳的基本尺寸

使用对象	高/cm	宽/cm	长/cm
成人	37~43	40~45	180~200
儿童	30~35	35~40	40~60
兼用	35~40	38~43	120~150

② 形式。园椅、园凳要求造型美观,坚固舒适,构造简单,易清洁,耐日晒雨淋。其图案、色彩、风格要与环境相协调。常见形式有直线长方形、方形;曲线环形、圆形;直线加曲线;仿生与模拟形等。此外,还有多边形或组合形。

③ 材料。园桌、园椅、园凳可用多种材料制作,有木、竹材料,还有钢铁、铝合金、钢筋混凝土、塑胶以及石材、陶、瓷等。有些材料制作的桌椅还必须用油漆、树脂涂抹或瓷砖、马赛克等装饰表面。其色彩要与周围环境相协调。

(2) 园墙、园门

① 园墙。园墙在景观绿地中有两种,即界墙与景墙。界墙用于景观边界四周,也称护园围墙。这种墙的主要功能是防护,但也有装饰和丰富景观景色的作用,因此,质地应坚固、耐用,同时形式也要美观。最好采用镂空或半镂空的花格围墙,使景观内外景色互相渗透。景观内部的墙称为景墙,其主要功能是分隔空间,还有组织导游、衬托景观、装饰美化及遮挡视线的作用。景墙是景观空间构图的一个重要因素。景墙的形式有波形墙、漏明墙、白粉墙、花格墙、虎皮石墙等。中国江南古典景观多用白粉墙,如图5.7所示。白粉墙面不仅与屋顶、门窗的色彩有明显对比,而且能衬托出山石、竹丛、花木的多姿多彩,在阳光照射下,墙面上的水光树影变幻莫测形成一幅美丽的画面。景墙上常设的漏窗、空窗、门洞等形式的虚实、明暗对比,使窗面的变化更加丰富。漏窗的形式有方形、长方形、圆形、六角形、八角形、扇形等及其他不规则形状。

图5.7　白粉墙示意

② 园门。园门是指景观中的出入口。主要出入口的园门称为正门,次要出入口的园门称为侧门。另外园门还有专用的景门,它是指安装在景墙上连通各景区的园门。景观中的园门正是景观的"序言",除要求管理方便、入园合乎顺序外,还要形象明确,色彩讲究,雅丽大方,特点突出,便于游人寻找。纪念性质的公园,园门造型宜高大、厚实,具有沉着、严肃的气氛。森林公园、树木园以及天然名胜、历史古迹等处的园门,须力求自然,避免华丽和浓厚的建筑气氛,最好有山野风味。一般性公园外的园门宜玲珑、轻盈洒脱。景门因不用门扇,故又有六洞之称。景门除供游人出入外,也是一副取景框,即为框景。景门的形状多样,在分隔主要景区的景墙上,常用简洁而直径较大的圆景门和八角景门,便于流通。在廊和小庭院、小空间的墙上,多用尺寸较小的长方形、秋叶形、瓶形、葫芦形等形状轻巧的景门。

(3) 雕塑

雕塑广泛运用于景观绿地的各个领域。景观雕塑是一种艺术作品,无论从内容、形式和艺术效果上都十分考究。

① 雕塑的类型。雕塑在景观中有表达景观主题,组织园景,点缀、装饰、丰富景

观内容,充当适用的小设施等功能。因此,雕塑可分为如下几种。

a. 纪念性雕塑。大多雕塑是在纪念性景观绿地之内和有关历史名城之中。如上海虹口公园的鲁迅坐像、南京新街口广场的孙中山铜像等。

b. 主题性雕塑。按照某一主题创作的雕塑。如杭州花港公园的"莲莲有鱼"雕塑,突出观鱼,借以表达景观主题。位于北京的全国农业展览馆用丰收图群雕突出农业新技术、新成就的应用效果,借以表达主题。

c. 装饰性雕塑。这类雕塑常与树、石、喷泉、水池、建筑物等结合建造,借以丰富游览内容,供人观赏。如金鱼、天鹅、海豹、长颈鹿等雕塑。

② 雕塑的制作材料。可采用大理石、汉白玉石、花岗岩和混凝土、金属等材料进行制作。近年还应用钢筋混凝土塑造假山、建筑小品和小型设施(如果壳箱)。例如塑造仿树干的灯柱、仿木板的桥、仿山石的假山等。

③ 雕塑的设置。雕塑一般设立在景观主轴线上或风景透视线的范围内,也可将雕塑建立于广场、草坪、桥畔、山麓、堤坝旁等。雕塑既可孤立设置,也可与水池、喷泉等搭配。有时,雕塑后方可密植常绿树丛,作为衬托,则更可使所塑形象特别鲜明突出。

(4) 其他

① 园灯。

a. 园灯的作用。园灯属于景观中的照明设备,主要作用是供夜间照明,点缀黑夜的景色,同时,白天园灯又可起到装饰作用。因此,各类园灯不仅在照明质量与光源选择上有一定要求,而且对灯管、灯柱、灯座造型都必须加以考虑。

b. 园灯的设置。景观内需设置园灯的地点很多,如景观出入口、广场、道旁、桥梁建筑物、花坛、踏步、平台、雕塑、喷泉、水池等地,均需设灯。在不同的环境下,园灯有着不同的要求。在开阔的广场和水面,可选用发光效率高的直射光源,灯柱高度可依广场大小而变动,一般为5~10m。道路两旁的园灯,照度需均匀。由于路边行道树的遮挡一般不宜过高,以4~6m为好,间距30~40m为宜,不可太远或太近,常采用散射光源,以免直射光使行人耀眼而目眩。在广场和草坪中的雕塑、花坛、喷水池等处,可采用探照灯、聚光灯或霓虹灯装饰。有些大型喷水池,可在水下装设彩色投光灯,营造五光十色的景象,水面上形成闪闪的光点。景观道路交叉口或空间转折处,宜设指示灯,以便黑夜指示方向。

c. 园灯的式样。园灯的式样大体可分为对称式、不对称式、几何形、自然形等。形式虽然繁多,但以简洁大方为原则。因此,园灯的造型不宜复杂,切忌施加烦琐的装饰,通常以简单的对称式为主,如图5.8所示。

② 栏杆

栏杆是由外形美观的短柱和图案花纹,按一定间隔(距离)排成栅栏状的构筑物。

a. 栏杆的作用。栏杆在景观中主要起防护、分隔作用,同时利用其节奏感,发挥装饰园景的作用。有的台地栏杆可做成坐凳,兼具防护与休息用途。栏杆的式样虽然繁多,但造型的原则都是一样的,即须与环境相协调。例如,在雄伟的建筑环境内,须配置坚实而具庄重感的栏杆;而在花坛边缘或园路边可配置灵活轻巧、生动活泼的修饰性栏杆等,如图5.9所示。

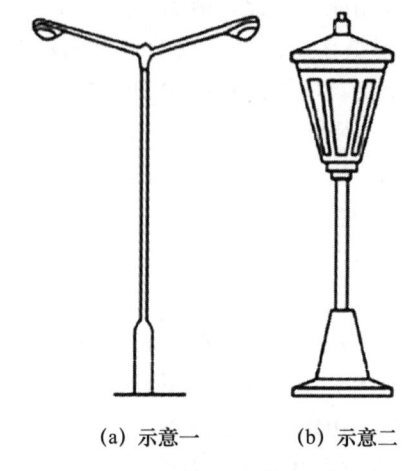

(a) 示意一　　(b) 示意二

图 5.8　对称式园灯示意

(a) 示意一

(b) 示意二

图 5.9　栏杆样式示意

b. 栏杆的高度。栏杆的高度随环境和功能的不同有较大的变化，可为 15～120cm。例如，防护性栏杆，一般为 85～95cm；广场花坛旁栏杆，不宜超过 25～35cm；设在水边、坡地的栏杆，高度在 60～85cm；而在悬崖上装置栏杆，其高度则须远超过人体的重心，一般应达 110～120cm；坐凳式栏杆凳的高度以 40～45cm 为宜。

c. 栏杆的材料。制造栏杆的材料很多，有木、石、砖、钢筋混凝土和钢材等。木栏杆一般用于室内，室外宜用砖、石建造的栏杆。钢制栏杆轻巧玲珑，但易生锈，防护较麻烦，每年要刷油漆，可用铸铁代替。钢筋混凝土栏杆坚固耐用，且可预制装饰性花纹，装配方便，维护管理简单。石制栏杆既坚实、牢固，又可精雕细刻，增强艺术性，但造价较昂贵。此外，还可用钢、木、砖及混凝土等组合制作栏杆。

③ 宣传牌、宣传廊。宣传牌、宣传廊是在景观中对游客进行政治思想教育、普及科学知识与技术的景观设施。它具有形式灵活多样、体形小巧玲珑、占地少、造价低廉

和美化环境等特点，适于在各类景观绿地中布置。

a. 设置地点的位置。为了获得较好的宣传效果，这类设施多放置在游人停留较多之处。如广场的出入口、道路交叉口，建筑物前，亭廊附近，休憩的凳、椅之旁等。此外，还可与挡土墙、围墙结合，或与花坛、花台相结合。宣传牌宜立于人流必经之处，但又不可妨碍行人来往，故须设在人流路线之外，牌前应留有一定空地，作为观众参观展品的空间。该处地面必须平坦，并且有绿树庇荫，以便游人悠闲地赏阅。人们一般的视线高度为1.4～1.5m，故宣传牌的主要幅面应置于人们视线高度的范围内，上下边线宜在1.2～2.2m之间，可供一般人平视阅读。

b. 宣传廊的主要组成部分。宣传廊主要由支架、板框、檐口和灯光设备组成。支架为主要承重结构，板框附在支架上，作为装饰展品之用。板框处一般加装玻璃，借以保护展品。檐口可防雨水渗漏。顶板应有5%的坡度向后倾斜，以便雨水向后方排去。灯光设备通常隐藏于挑檐内部或框壁四周。为了避免直接光源发出眩光的缺点，可用磨砂玻璃遮盖，或用乳白灯罩，使光线散射。

④ 公用类建筑设施。公用类建筑设施主要包括电话、导游牌、路标、停车场、存车处、供电及照明、供水及排水设施、标志物及果皮箱、饮水站、厕所等。

5.4　设计原理与基础

5.4.1　空间造型基础

现代园林景观的构成元素多种多样，造型千变万化。这些形形色色的元素造型实际上可看成简化的几何形体削减、添加的组合。也就是说，景观形象给人的感受，都是以微观造型要素的表情特征为基础的。点、线、面、体是景观空间的造型要素，掌握其语言特征是进行园林景观设计的基础。

1. 点

点是构成形态的最小单元，点排列成线，线堆积成面，面组合成体。点既无长度，也无宽度，但可以表示出空间的位置。当平面上只有一个点时，人的视线会集中在这个点上。点在空间环境里具有积极的作用，并且容易形成环境中的视觉焦点。例如，当点处于环境位置中心时，点是稳定、静止的，以其自身来组织围绕着它的诸要素，具有明显的向心性；当点从中心偏移时，所处的范围就变得富有动势，形成一种视觉上有方向的牵引力。

当空间的点以多数出现时，不同的排列组合会产生不同的视觉效果。例如，两个点大小相同时，会在它们之间暗示线的存在；同一层面上的三五个点，会让人产生面的联想；若干个大小相同的点组合时，如果相互严谨规则地排列，会产生严肃、稳定、有序之美；若干个大小不同的点组合时，人会在视觉上感到有透视变化，产生空间层次，因而富有动态、活泼之美。点的形态在景观中随处可见，其特征是，相对于它所处的空间来说体积较小、相对集中。如一件雕塑、一把座椅、一个水池、一个亭子，甚至是草坪中的一棵孤植树都可看成景观空间中的一个点。因此，空间里的某些实体形态被看成点，完全取决于人们的观察位置、视野和这些实体的尺度与周围环境的比例关系。点的合理运用是园林景观设计师创造力的延伸,其手法有自由、陈列、旋转、放射、节奏、特异等。点是一种轻松、随意的装饰元素,是园林景观设计的重要组成部分。

2. 线

线是点的无限延伸,具有长度和方向性。真实的空间中是不存在线的,线只是一个相对的概念。空间的线性物体具有宽窄粗细之分,之所以被当成一条线,是因为其长度远远超过它的宽度。线具有极强的表现力,除了反映面的轮廓和体的表面状况外,还给人的视觉带来方向感、运动感和生长感,即所谓"神以线而传,形以线而立,色以线而明"。

园林景观中的线可归纳为直线和曲线两大类。直线是最基本也是运用得最为普遍的一种线形,给人以刚硬、挺拔、明确之感,其中粗直线稳重、细直线敏锐。直线形态的设计有时是为了体现一种崇高、胜利的象征,如人民英雄纪念碑、方尖碑等;有时是用来限定通透的空间,这种手法较常用,如公园中的花架、柱廊等。

曲线具有柔美、流动、连贯的特征,它的丰富变化比直线更能引起人们的注意。中国园林艺术就注重对曲线的应用,表现出造园的风格和品位,体现出师法自然的特色。几何曲线如圆弧、椭圆弧等给人以规则、浑圆、轻快之感。螺旋曲线富有韵律和动感。而自由曲线如波形线、弧线,显得更自由、自然、抒情、奔放。

线在景观空间中无处不在,横向如蜿蜒的河流、交织的公路、道路的绿篱带等,纵向如高层建筑、环境中的柱子、照明的灯柱等,都呈现出线状,只是线的粗细不一样。在绿化中,线的运用最具特色,更把绿化图案化、工艺化,线的运用是基础,绿化中的线不仅具有装饰美,而且还充溢着一股生命活力的流动美。

3. 面

面是指线移动的轨迹。和点、线相比,它有较大的面积、很小的厚度,因此具有宏大和轻盈的表情。面的基本类型有几何型、有机型和不规则型。几何型的面在景观空间中最常见,如方形面单纯、大方、安定,圆形面饱满、充实、柔和,三角形面稳定、庄重、有力;几何型的斜面还具有方向性和动势。有机型的面是一种不能用几何方法求出的曲面,它更富于流动和变化,多以可塑性材料制成,如拉膜结构、充气结构、塑料房屋或帐篷等形成的有机型的面。不规则型的面虽然没有秩序,但比几何型的面更自然,更富有人情味,如中国林中水池的不规则平面、自然发展形成的村落布置等。

在景观空间中,设计的诸要素如色彩、肌理、空间等都是通过面的形式充分体现出来的,面可以丰富空间的表现力,吸引人的注意力。面的运用反映在下述三个层面。

(1) 遮蔽面

景观空间中的遮蔽面既可以是蓝天白云,也可以是浓密树冠形成的覆盖面,或者是亭、廊的顶面。

(2) 围合面

围合面是从视觉、心理及使用方面限定空间或围合空间的面,它可虚可实,或虚实结合。围合面可以是垂直的墙面、护栏,也可以是密植较高的树木形成的树屏,或者是若干柱子呈直线排列所形成的虚拟面等。另外,地势的高低起伏也会形成围合面。

(3) 基面

园林景观中的基面既可以是铺地、草地、水面,也可以是对景物提供的有形支撑面。基面支持着人们在空间中的活动，如走路、休息、划船等。

4. 体

体是由面移动而成的，它不是靠外轮廓表现出来的，而是从不同角度看到的不同形貌的综合。体具有长度、宽度和深度，可以是实体（由体部取代空间），也可以是虚体（由面状物所围合的空间）。体的主要特征是形，形体的种类有长方体、多面体、曲面体、不规则形体等。体具有尺度、重感和空间感，体的表情是围合它的各种面的综合表情。宏伟、巨大的形体如宫殿、巨石等，引人注目，并使人感到崇高敬畏；小巧的洗手钵、园灯等，则惹人喜爱，富有人情味。

如果将以上大小不同的形状各自随意缩小或放大，就会发现它们失去了原来的意义，这表明体的尺度具有特殊作用。在景观环境中，大小不同的形体相辅相成，各自起到不同的作用，使人们感受到空间的宏伟壮丽和亲切的美感。

园林景观中的主体可以是建筑物、构筑物，也可以是树木、石头、立体水景等。它们多种多样的组合丰富了景观空间。

5.4.2 空间的限定手法

园林景观设计是一种环境设计，也可以说是"空间设计"，目的在于给人们提供一个舒适而美好的休憩场所。园林景观形式的表达，得益于景观空间的构成和组合。空间的限定为这一实现提供了可能。空间的限定是指使用各种空间造型手段在原空间中进行划分，从而创造出各种不同的空间环境。景观空间是指人在视线范围内，由树木花草（植物）、地形、建筑、山石、水体、铺装道路等构图单体所组成的景观区域。空间的限定手法常见的有围合、覆盖、高差变化、地面材质变化等。

1. 围合

围合是空间形成的基础，也是最常见的空间限定手法。室内空间是由墙面、地面、顶面围合而成的；室外空间则是更大尺度的围合体，它的构成元素和组织方式更加复杂。景观空间常见的围合元素有建筑物、构筑物、植物等，而且，由于围合元素构成方式的不同，被围起的空间形态也有很大的不同。

人们对空间的围合感是评价空间特征的重要依据，空间围合感有下述几个方面的影响。

(1) 围合实体的封闭程度

单面围合或四面围合对空间的封闭程度明显不同。研究表明，实体围合面积达到50%以上时可建立有效的围合感，单面围合所表现的领域感很弱，仅有沿边的感觉，更多的只是一种空间划分的暗示。当然，在设计中要看具体的环境要求，应选择相宜的围合度。

(2) 围合实体的高度

空间的围合感还与围合实体的高度有关，当然这是以人体的尺度作为参照的。当围合实体高度在 0.4m 时，围合的空间没有封闭性，仅仅作为区域的限制与暗示，而且人极易穿越这个高度。在实际运用中，这种高度的围合实体常常结合休息座椅来设计。当围合实体高度为 0.8m 时，空间的限定程度较前者稍高一些，但对于儿童的身高尺度来说，封闭感已相当强了，因此儿童活动场地周围的绿篱高度设计多半以这个为标准。当围合实体高度达到 1.3m 时，成年人的身体大部分都被遮住了，有了一种安全感。如果坐在墙下的椅子上，整个人都能被遮住，私密性较强。因此在室外环境中，常用这个高度的绿篱来划分空间或作为独立区域的围合体。当围合实体高度达到 1.9m 以上时，人的视线完全被挡住，空间的封闭性急剧加强，区域的划分完全确定下来。

（3）实体高度和实体开口宽度的比值

实体高度（H）和实体开口宽度（D）的比值（D/H）在很大程度上影响到空间的围合感。当 $D/H<1$ 时，空间犹如狭长的过道，围合感很强；当 $D/H=1$ 时，空间围合感较前者弱；当 $D/H>1$ 时，空间围合感更弱。随着 D/H 的值的增大，空间的封闭性也越来越差。

2. 覆盖

空间的四周开敞而顶部用构件限定，这种结构称为覆盖。这如同我们下雨天撑的伞一样，伞下就形成了一个不同于外界的限定空间。覆盖有两种方式：一种是覆盖层由上面悬吊，另一种是覆盖层的下面有支撑。例如，广阔的草地上有一棵大树，其繁盛茂密的大树冠覆盖着树下的空间，人们聚在树下聊天、下棋等。再如，轻盈通透的单排柱花架，或单柱式花架，它们的顶棚攀缘着观花蔓木。顶棚下营造出了一个清净、宜人的休闲环境。

3. 高差变化

利用地面高差变化来限定空间也是较常见的手法。地面高差变化可创造出上升空间或下沉空间。上升空间是指将水平基面局部抬高，被抬高空间的边缘可限定出局部小空间，从视觉上加强了该范围与周围空间的分离性。下沉空间与前者相反，是将基面的一部分下沉，明确出空间范围，这个范围的界限用下沉的垂直表面来限定。

上升空间具有突出、醒目的特点，容易成为视觉焦点，如舞台等。它与周围环境之间的视觉联系程度受抬高尺度的影响。当基面抬高的高度较低时，上升空间与原空间具有极强的整体性。当基面抬高的高度稍低于视线高度时，可维持视觉的连续性，但空间的连续性中断。当基面抬高的高度超过视线高度时，视觉和空间的连续性中断，整个空间被划分为两个不同的空间。

下沉空间具有内向性和保护性，如常见的下沉广场，形成了一个和街道的喧闹相互隔离的独立空间。下沉空间就视线的连续性和空间的整体性而言，随着下降高度的增加而减弱。当下降高度超过人的视线高度时，视线的连续性和空间的整体感完全被破坏，使小空间从大空间中完全独立出来。下沉空间同时可借助色彩、质感和形体要素的对比处理，来表现更具目的性和个性的独立空间。

4. 地面材质变化

通过地面材质的变化也可以限定空间，其程度相对于前面两种来说要弱些，它形成的是虚拟空间，但这种方式运用较为广泛。

地面材质有硬质和软质之分，硬质地面指铺装硬地，软质地面指草坪。如果庭院中既有硬地也有草坪，因使用的地面材质不同，呈现出两个完全不同的区域，因此在人的视觉上形成两个空间。硬质地面可使用的铺装材料有水泥、砖、石材、卵石等，这些材料的图案、色彩、质地丰富，为通过地面材质的变化来限定空间提供了条件。

5.4.3 空间尺度比例

景观空间设计的尺度和建筑设计的尺度一样，都是基于对人体的参照，即景观空间是为人所用，必须以人为尺度单位，要考虑人身处其中的感觉。景观空间环境给人们提供了室外交往的场所，人与人之间的距离决定了在相互交往时以何种渠道成为最主要的交往方式，并因此影响到园林景观设计中的空间尺度。人类学家霍尔将人际距离主要概括为四种：密切距离、个人距离、社会距离和公共距离或更远，见表 5.4。

表 5.4 人际距离具体分类

序号	具体类型	距离范围	含义、特点及要求
1	密切距离	0~0.45m	小于个人空间，可以互相体验到对方的辐射热、气味，是一种比较亲昵的距离，但在公共场所与陌生人处于这一距离时会感到严重不安
2	个人距离	0.45~1.2m	与个人空间基本一致，处于该距离范围内，能提供详细的信息反馈，谈话声音适中，言语交往多于触觉，适于亲属、亲密或熟人之间的交谈。因为公共场所的交流活动多发生在不相识的人们之间，空间环境的设计既要保证交流的进行，又要过多侵入个体领域，以免因拥挤而产生焦虑感。因此，在室外环境中涉及休息区域的设计时，保证个人可以占有半径 60cm 以上的空间范围是很重要的
3	社会距离	1.2~3.6m	邻居、朋友、同事之间的一般性谈话的距离。在这一距离中，相互接触已不可能，彼此保持正常的交流。观察发现，若熟人在这一距离出现，坐着工作的人不打招呼继续工作也不为失礼；反之，若小于这一距离，工作的人不得不打招呼
4	公共距离或更远	3.6~8m 或更远	这是演员或政治家与公众正规接触的距离。这一接触无视觉细部可见，为了正确表达意思，需提高声音，甚至采用动作辅助言语表达。当距离在 20~25m 时，人们可以识别对面人的脸，这个距离同样也是人们对这个范围内的环境变化进行有效观察的基本尺度。当距离超出 110m 的范围时，肉眼只能辨别出大致的人形和动作，这一尺度可作为广场尺度，能形成宽广、开阔的感觉

研究表明，如果每隔 20~25m，景观空间内有重复的变化，或是材料变化，或是地面高差变化，那么，即使空间的整体尺度很大，也不会产生单调感。这个尺度也常被看成外部空间设计的标准，空间区域的划分和各种景观小品如水池、雕塑的设置都可以此为单位进行组织。

5.4.4 设计原则与步骤

1. 园林景观设计原则

（1）自然性原则

公园设计最基本的是自然绿地占有一定面积的环境。因此实现自然环境要依靠设计的自然性原则。自然环境以植物绿地、自然山水、自然地理位置为主要特征，但也包含人工仿自然而造的景观，如人工湖、山坡、瀑布流水、小树林等。人工景观的打造尤其需要与自然贴近，与自然融合。

遵守自然性原则首要对开发公园的现场做合理的规划，尽可能保留原有的自然地形与地貌，保护自然生态环境，减少人为的破坏行为。对自然现状加以梳理、整合，通过锦上添花的处理让自然显现得更加美丽。

遵守自然性原则要处理好自然与人工的和谐问题。比如在环境的局部不协调处进行植物遮挡处理；生硬的人工物体周围可以用栽植自然植物的方法减弱和衬托，尽可能使环境柔和，让公园体现出独特的自然性。同时，尽可能采用与自然环境相协调的材料，如木材、石材等，使公园环境更加自然化。

（2）人性化原则

公园环境是公共游乐环境，是面向广大市民开放的，是供广大市民使用的公共空间环境。公园内的便利服务设施有标志、路牌、路灯、座椅、饮水器、垃圾箱、公厕等。必须根据实地情况，遵循"以人为本"的设计原则合理化配置。

人性化的设计可以体现在方方面面，应始终围绕不同人群的使用进行思考和设计，让使用者体验到设计的温馨和关爱，使人性化设计落实到每一个细小之处。比如，露天座椅配置在落叶树下，冬天光照好，夏天可以遮阴。再如，步道两侧的树荫、台阶的高度、坡度以及地面的平滑程度都是应该关注的。

（3）安全性原则

公园环境的公共性意味着众多人群的使用，那么安全问题是很重要的问题。公共设施的结构、制作是否科学合理，使用的材料是否安全等都是设计师应该注意的，特别是大型游具、运动器材的安装是否牢固，定期检查更换消耗磨损的零件，严格遵守安全设计原则，避免造成事故。车道与步道的合理布局，湖边或深水处设置警告提示牌或安装护栏等，避免一切可能发生的危险。植物栽植要避免有毒植物，如夹竹桃等。儿童游乐园的地面铺装是否安全、游戏器材的周边有无安全设施等都需要仔细思考和设计，把事故概率降低到零的设计才是落实安全性原则的根本。

2. 风景园林设计步骤

公园设计是一个大概念设计，不同类型的公园，设计有所不同，这里对主题公园的一般性设计程序做一个简单的介绍，仅作参考。无论设计什么类型的公园，必须做到设计目的明确、功能要求清楚、设计科学合理。设计前首先要有正确的设计理念，有整体的设计思考，而这个设计思考建立在设计前调查的基础之上。

（1）调查收集资料

设计前的调查十分重要，它是设计的依据，设计中要不停地考虑调查的设计因素，一般调查主要有以下内容。

① 实地调查。实地调查包括对地势环境、自然环境、植物环境、建筑环境、周边环境等进行调查，对现场哪些是该保留的部分、哪些是该遮挡的部分等进行初步认定和大致设想。同时进行测量、拍照，做好现场草图的关键记录。

② 收集资料，信息交流。收集资料包括了解地方特色、传统文脉、地方文化、历史资料等，对综合资料信息有明确的认知。

③ 根据调查，分析定位。在资料收集后进行各种分析，与投资方交流磋商，求得共识之后进行设计定位，确定公园的主题内容。

（2）构思构图概念性设计

设计定位后在调查的基础上开始整体规划，在公园总平面图上对公园面积和空间初步进行合理的布局和划分，勾画出设计第一稿。

① 功能区域的规划分析图。功能区域的规划分析图包括公园内功能区域的合理划分和大致分布的整体规划设计草图。围绕公园的主题，对中心活动区域、休息区域、观赏区域、花园绿地、山石水景、车道步道等进行大致规划设计，做分析图。

② 景观建筑分布规划图。景观建筑分布规划图包括桥、廊、亭、架等的面积、大小、位置的平面布局。构思平面布局的同时，设计出大体的建筑造型。

③ 植物绿地的配置。凡公园都少不了植物绿地，植物绿地的面积划分、布局以及关键处的植物类型的指定，在规划时都要大致有整体配置草图，可以体现植物绿化面积在公园所占比例，突出自然风景。

④ 设计说明。设计说明是描述解决问题的方法，如何执行设计理念的过程，如何体现方案的优越性，充分展现出设计中的精彩处，体现出设计的科学规划与合理的设计布局，总结设计构思、创意、表现过程，突出公园设计主题以及功能等要素，阐明公园设计的必要性。

(3) 设计制作正式图纸

总规划方案基本通过和认可后，进行方案的修改、细化、具体和深入设计。

① 总规划图的细化设计。一般图纸比例尺在1∶100或1∶200为宜，比例尺太大无法细化。图纸的准确性是实现设计的唯一途径，细化图纸是在严格的尺寸下进行的，否则设计方案无法得以实现。

② 局部图的具体设计。当平面图不能完全表现设计意图时，往往需要画局部详细图加以说明。局部详细图是在原图纸中再次局部放大进行制作的，目的是更加清晰明确地表现设计的细小部分。

③ 立面图、剖面图、效果图的制作与设计。平面图只能表现设计的平面布局，而公园设计是三维空间的设计，长、宽、高以及深度的尺寸必须靠正投影的方式画出不同角度的正视、左右侧视、后视的立面图。因此，在平面图的基础上拉近高度，制作立面图。

有时要对一些特殊的情况加以说明，就需要制作剖面图。比如，高低层面不同、阶层材质不同、上下层关系、植物高低层面的配置等都需要借助剖面图来表达和说明。

效果图则是表现立体空间的透视效果，根据设计者的设计意图选择透视角度。如果想实现实地观看的视觉感，则以人的视觉角度用一点或两点透视来画效果图。如果想表现较大、较完整的设计场面，一般采用鸟瞰效果图画法。

④ 材料使用一览表。无论使用什么材料都必须做一个统计，需要有一个材料使用一览表。还必须考虑到使用材料的价格问题，合理地使用经费。使用一览表一般要与平面图纸配套，平面图上的图形符号与表中的图形符号必须相一致，这样可以清晰地看到符号代表哪些材料以及使用情况，统计使用的材料可通过材料使用一览表的内容做预算。

材料使用一览表可分类制作，如植物使用一览表、园林材料使用一览表、公共设施使用一览表等，也可以混合制作在一起。

(4) 设计制作施工图纸

设计正式方案通过后，一旦确定施工，图纸一般要做放样处理，变成施工图纸。施工图纸的功能就是让设计方案得到具体实施。

① 放样设计。图纸放样一般用 3m×3m 或 5m×5m 的方格进行放样。可根据实际情况来定，根据图形和实地面积的复杂与简单程度来定方格大小、位置。小面积设计，参照物又很明确的图纸则无须打格放样，有尺寸图就行。放样设计没有固定的标准格式，主要以便于指导施工现场定点放样、方便施工为准。

② 施工图纸的具体化设计。施工图内容包括很多，如河床、阶梯、花坛、墙体、桥体、道路铺装等制作方法，还有公共设施的安装基础图样、植物的栽植要求等。

③ 公共设施配置图。在调查的基础上合理预测使用人数，配置合理的公共设施是人性化设计的具体体现，如垃圾箱放置在什么地方利用率高，使用方便；路灯高度与灯距的设置距离多长才是最经济、最实用的。这都是围绕使用方便的角度去考虑的。我们应该尊重客观事实，合理配置，并将配置位置按照实际比例画在平面图上。

公共设施除专门设计外也可以选择各厂家的样本材料进行挑选。选择样品时要注意与设计公园环境的统一性，切忌同一功能设施选用不同样式的造型设施。选用的样品必须在公共设施配置图后附上，并在平面图上用统一符号表示。这样公共设施配置图一目了然，施工位置就很明确。

（5）绘图表现

近几年来，在现代计算机制图热中，保留传统的手绘方式自然有其道理，但电脑制图与手绘各有长短，应该学会扬长避短，发挥各自的优势。这里简单地比较一下电脑制图与手绘的优劣，作为一个初步的了解。

① 计算机制图必须在严密的数据之下操作，在短时间内制作效果图时，一般不如手绘快。

② 手绘图纸在设计思考中徒手而出，便于构思、构图、呈现效果。

③ 手绘的图纸有亲切感、柔和。手绘图纸特别擅长表达曲线及柔和的物体，表现要比计算机更自然。虽然计算机图形很真实，但角度的调整、树姿的多变等方面与手绘比起来相对生硬。手绘的画面可以用艺术手法强调或减弱想要表现的内容。

④ 在画局部小景观时手绘要方便得多。但计算机在绘制大型景观规划时比较擅长，尤其是需要反复修改的图纸，比手绘方便，并且利于保管。

⑤ 手绘效果图常常在与甲方洽谈中，就可以勾勒出草图来，可随时与甲方沟通决定最初方案。

不管使用什么方式作图，只要设计出精彩动人的效果图，就会打动人的心灵，像艺术作品一样被人们采纳、欣赏。

6 城市更新背景下的历史文化遗产保护

6.1 历史文化遗产保护意义及原则

6.1.1 历史文化遗产保护意义

1972年,联合国教科文组织大会第十七届会议通过了《保护世界文化和自然遗产公约》,参考其中第一条内容,可以认为历史文化遗产包括文物、建筑群、遗址三项,这主要指的是物质历史文化遗产。2003年,联合国教科文组织通过的《保护非物质文化遗产公约》明确了"非物质文化遗产"的概念。2005年,国务院下发了《国务院关于加强文化遗产保护的通知》(国发〔2005〕42号),明确"文化遗产包括物质文化遗产和非物质文化遗产。物质文化遗产是具有历史、艺术和科学价值的文物,包括古遗址、古墓葬、古建筑、石窟寺、石刻、壁画、近代现代重要史迹及代表性建筑等不可移动文物,历史上各时代的重要实物、艺术品、文献、手稿、图书资料等可移动文物,以及在建筑式样、分布均匀或与环境景色相结合方面具有突出普遍价值的历史文化名城(街区、村镇)。非物质文化遗产是指各种以非物质形态存在的与群众生活密切相关、世代相承的传统文化表现形式,包括口头传统、传统表演艺术、民俗活动和礼仪与节庆、有关自然界和宇宙的民间传统知识和实践、传统手工艺技能等以及与上述传统文化表现形式相关的文化空间"。

历史文化遗产保护的意义主要体现在以下三个方面。

(1) 历史文化遗产保护是彰显文化自信的重要抓手

"源浚者流长,根深者叶茂。"历史文化遗产是不可再生的文化资源,是中华民族永续发展的历史见证。保护和继承历史文化遗产,是历史和民族赋予当代的神圣使命。我们应深入学习和贯彻文物保护的相关精神,进一步加强历史文化遗产保护,传承历史文化,夯实民族根基,增强文化自信,用历史文化的力量推动城市发展进步,谱写中华民族伟大复兴的新篇章。

(2) 历史文化遗产是历史文化的重要载体,是科技创新的源泉

历史文化遗产是科技创新与文化创意的重要源泉,文化创新的发展依托历史文化的启迪。大量历史科技成果和文化遗产在当代仍被不断借鉴与传承,为当代科技、文化、艺术的持续进步奠定了基础。

(3) 历史文化遗产是城市可持续发展的重要内容

保护和弘扬历史文化遗产是每个公民应尽的责任,历史文化遗产不仅属于当代,更属于子孙后代。城市的历史遗迹、文化古迹和人文底蕴共同延续了城市文脉,积淀了城市底蕴。在城市更新的背景下,推进旧城改造时要注重保护历史遗迹,使历史文化与现

代生活有机融合。

6.1.2 历史文化遗产保护原则

1. 原真性原则

20世纪60年代，原真性原则被引入历史文化遗产保护领域。世界遗产委员会明确规定，原真性是检验世界历史文化遗产的重要原则。有学者提出，"建筑、遗址等实质物体，如果离开了它所承载的文化意义，其本身只是一堆毫无意义或不被理解的构件。历史文化遗产本身就是上述两者的内在统一，而原真性反映的正是这种统一的契合程度"。原真性原则要求在历史文化遗产的保护修缮过程中坚持"修旧如旧"，不能随意修改，特别是在历史文化街区和历史文化名城的保护中，要多保护留存历史实物遗存，少建"假古董"。

2. 有机更新原则

城市是一个动态词语，城市建设是一个不断发展变化的过程。城市不可能是一座静态的历史博物馆，不能为了静态保护而牺牲城市居民享受现代生活的权利。如何在保护中寻求城市的发展，在发展中保留城市历史？吴良镛教授提出了城市的有机更新的主张。他认为城市是一个有生命的机体，需要新陈代谢，从城市到建筑，如同生物体一样是有机联系、和谐共处的；不能大拆大建，而是要通过城市的"新陈代谢"，进行循序渐进式的有机更新，保护城市文化，清除"死亡细胞"，更生"新细胞"，恢复城市的"微循环"，做好旧建筑的适当再利用。历史文化遗产作为城市的有价值要素，是一个城市历史文化的最直观、最形象的体现，是展示城市独特风貌的关键元素。在保护和建设中，要处理好老城与新城、保护与更新之间的关系，保留历史文化遗产的空间场所特征，推动城市在保护历史文化脉络的基础上实现有机更新，延续城市整体风貌。

3. 整体性保护原则

整体性保护原则是历史文化遗产保护，特别是历史建筑群、历史文化街区和历史文化名城保护的基本原则。1976年，联合国教育、科学及文化组织大会第十九届会议通过的《关于历史地区的保护及其当代作用的建议》提出了一个重要理念：保护历史地区并使其与现代社会生活相结合是城市规划和土地开发的基本因素；除非不可避免的情况，一般不应破坏古迹周围的环境使其孤立或者将其迁移到别处。对历史文化遗产丰富且传统文化生态保持较完整的区域，要有计划地进行动态的整体性保护。历史文化遗产的整体性保护不仅要对遗产周围环境进行控制，还要注重历史文化遗产的文化内涵和整体文化效能的保护。要以"活态保护"为补充，立足更新中的城市市区，结合历史文化遗产的保护与利用，强调城市空间中的社区生活和活态文化。同时，整体性保护原则还要注重时间上的连续性，制定的政策法规应是动态的、可持续的。

4. 适宜性开发原则

如今，保护不再局限于修复维护的保持性活动，而是成了一个综合性的活动，包括修复、更新、利用、展示等其他各类相关的活动。在历史文化遗产保护过程中，人们对历史文化遗产的价值认识，已从遗产本身的价值逐渐转向遗产与周围环境相结合的综合价值。历史文化遗产不仅是文物，还可视为文化资源或资本，适宜性开发能够更好地为保护提供支持。适宜性开发首先是对遗产文化价值的保护，若对历史文化遗产的开发性保护不损害遗产文化价值，且有利于提升文化价值，这种开发性保护就是适宜的。在全球经济快速发展的今天，历史文化遗产保护不应再孤立地保护文物本身，还应保护文化认同，守护人们所需的文化根基。

6.2 历史文化遗产保护历程

6.2.1 国外历史文化遗产保护历程

经过近一百年的发展，世界历史文化遗产的保护经历了一个演变过程：从最初仅保护可供人们欣赏的建筑艺术品，到保护能作为社会、经济发展见证的各类物品，再到保护与人们当前生活息息相关的历史街区乃至整个城市。

1. 第一批纲领性文件和相关机构的产生

1933年8月，国际现代建筑协会第4次会议通过的《雅典宪章》中就已经提到保护有历史价值的建筑和地段的问题。这一城市规划方案是首个国际公认的纲领性文件，指出了保护能代表某一历史时期的珍贵历史遗存对教育后代具有重要意义，并初步确定了一些基本原则和提出了一些具体的保护措施，从而促进了这一国际运动的广泛开展。

第二次世界大战后，欧洲各国都面临着大规模的城市重建工作。在清理战争废墟过程中，如何保护古建筑遗存、对已毁掉的城市古老街区和建筑采取何种修复策略等，成为各国亟待解决的问题。由于认识不统一，许多古迹在城市重建过程中都面临进一步破坏的风险，为了拯救这些人类最宝贵的文化遗产，在联合国教科文组织倡导下，先后成立了国际文物工作者理事会（ICOM）及国际文化财产保护与修复研究中心（ICCROM）。

1964年5月，ICOM在意大利的威尼斯召开了第二届历史古迹建筑师及技师国际会议，讨论并通过了《国际古迹保护与修复宪章》，简称《威尼斯宪章》。在这次会议上，该组织改名为国际古迹遗址理事会（ICOMOS）。《威尼斯宪章》进一步拓展了历史文物建筑的概念，同时强调对历史环境的保护，阐述了历史保护的基本概念、理论和原则。《威尼斯宪章》对统一认识、整合欧洲文物保护的各流派的做法，起到了相当重要的作用，促成了20世纪60年代末至70年代初世界范围内保护城市历史文化遗产国际潮流的出现。其制定的一些基本原则至今仍为国际建筑界和规划界人士所认可，并且逐渐成为目前世界上公认的文物建筑和历史地段保护的权威性文件。

此后，人们对保护环境的认识又有了进一步的提高。保护的范围从个别建筑物到建筑群，进而扩大到整个地段和环境。

2. 历史文化遗产保护领域的扩大

1972年11月，联合国教科文组织第十七届大会通过了《保护世界文化和自然遗产公约》，并于1976年成立了"世界遗产委员会"，以求把各国文化和自然遗产的保护工作国际化。

1976年11月，联合国教科文组织在内罗毕召开的第19次大会上正式提出了保护城市的历史地段的问题，并通过了《关于历史地区的保护及其当代作用的建议》，亦称《内罗毕建议》。该建议强调"历史地段和它们的环境应该被当作全人类的不可替代的珍贵遗产，保护它们并使它们成为我们时代社会生活的一部分是它们所在地方的国家公民和政府的责任"，进一步阐明了制定保护历史城镇措施的必要性，以及如何维护、保存、修复和发展这些城镇，使它们适应现代化生活的需要。

1981年5月21日，国际古迹遗址理事会（ICOMOS）与国际历史园林委员会在佛罗伦萨召开会议，决定起草一份将以该城市命名的历史园林保护宪章，即《佛罗伦萨宪章》。1982年12月15日该宪章登记作为涉及有关具体领域的《威尼斯宪章》的附件。

1986年拟就了一个保护历史性城市的草案稿，在这个基础上，于1987年10月15日在华盛顿哥伦比亚特区举行的国际古迹遗址理事会第八次会议上正式通过了《保护历史城镇与城区宪章》，即《华盛顿宪章》。

1994年形成的《奈良真实性文件》，使"原真性"概念成为世界性共识的标志。该文件承认物质"原真性"，并提出基于多元文化的非物质"原真性"标准，指出"不同的文化和社会都包含着特定的形式和手段，它们以有形或无形的方式构成了某项遗产"，认为"原真性"是包括有形与无形内容的综合性概念。

3. 走向多元化历史文化遗产保护时代

进入21世纪，面对全球化的浪潮和城市化的加速，人们认识到城市的基础设施、建筑与社会都是不断发展的，城市在发展过程中应综合考虑城市的现代化与古老传统，每个城市的特征不应因发展而湮没，开始将当代发展与遗产保护放在同一高度加以考虑。历史文化遗产的概念与遗址、建筑、可移动文物等人工环境和物质文化的联系由来已久。

2005年5月，《维也纳备忘录》涉及世界遗产及快速化城市建设中的历史景观等话题。这份报告获世界遗产委员会第29次大会的高度评价。备忘录十分强调城市文脉的延续，对于城市新的发展也持肯定态度。备忘录指出，在历史环境中进行新的城市建设面临的最大的挑战是必须考虑现代城市的发展，应对城市出现的各种变化，满足社会经济协调发展的要求。而在城市的历史环境中进行建设，必须重视文化及历史因素，维持历史建筑的完整性与真实性，应同时满足历史保护与城市发展的要求。

2005年10月，《城市历史景观保护宣言》提出对历史城市进行整体保护。以"保护是城市发展的一部分"为基本价值观，对城市保护方面提出了更高的要求，利用不同文化景观中富有动态活力的特征，使市的历史文化得到有效保护和发扬。

2011年《关于城市历史景观的建议书》将历史城市景观被定义为"文化和自然价值及属性在历史上层层积淀而产生的城市区域"，其超越了"历史中心"或"整体"的概念，包括更广泛的城市背景及其地理环境："遗址的地形、地貌、水文和自然特征；其建成环境，不论是历史上的还是当代的；其地上地下的基础设施；其空地和花园、其土地使用模式和空间安排；感觉和视觉联系；城市结构的所有其他要素；社会和文化方面的做法和价值观、经济进程以及与多样性和同一性有关的遗产的无形方面。"

2011年颁布的《保护和管理历史城市、城镇和城市历史地段的瓦莱塔准则》拓展了此前的"历史城镇与城市地区"概念，将历史文化遗产作为城市生态系统中的要素，认为"历史城镇和城市地区是由有形和无形要素共同构成"。这不仅意味着保存、保护、强化和管理，还意味着协同发展、和谐地融入现代生活。基于这一保护理念，该准则首次界定了发展变化与自然、建筑、社会环境以及非物质遗产保护的关系，提出了十项干预原则和九个方面的保护目标与对策。这一文件不仅丰富了保护的外延，建立了"文化意义"的场所概念，还深化了整体性保护的内涵，建构了可持续发展下的城市历史文化遗产保护框架。

2015年，联合国大会第七十届会议通过了《变革我们的世界：2030年可持续发展议程》，首次将文化纳入可持续发展的国际议程。其中，世界历史文化遗产的可持续发展可理解为对遗产资源的有效保护和利用过程，如何有效地协调保护与利用之间的关系，是世界历史文化遗产可持续发展的核心议题。

2023年8月31日至9月9日，国际古迹遗址理事会（ICOMOS）第二十一届全体大会及科学研讨会在澳大利亚悉尼举行，会议旨在探讨历史文化遗产在气候变化、冲突等全球性挑战中的作用和变化，以及历史文化遗产如何推动可持续未来。

6.2.2 国内历史文化遗产保护历程

中国历史悠久，文物众多，历史性城镇遍及全国，其历史文化遗产保护体系的建立与发展，经历了一个复杂的历史过程，可概括为形成、发展与完善三个重要的历史阶段。

1. 历史文化遗产保护体系的雏形

我国现代意义上的文物保护，始于20世纪20年代的考古科学研究。1922年，北京大学设立了考古学研究室，后又设考古学会，这是我国历史上最早的文物保护学术研究机构。1929年，中国营造学社成员开始系统地运用现代科学方法研究中国古代建筑，并对不可移动文物开展保护工作，为文物保护迈向科学化、系统化打下了坚实的理论与实践基础。

中华人民共和国成立后，针对战争造成的大量文物损毁及文物流失现象，中央人民政府自1950年起，通过颁布一系列法令、法规，设置中央和地方管理机构，成立考古研究所等举措，至20世纪60年代中期初步形成了中国文物保护制度。1950年5月，中央人民政府政务院颁发《古文化遗址及古墓葬之调查发掘暂行办法》和《禁止珍贵文物图书出口暂行办法》，有效制止大量珍贵文物外流，从此结束了我国文物被任意掠夺的历史；同年7月，中央人民政府政务院颁发《关于保护古文物建筑的指示》。1951年2月，经政务院批准，内务部、文化部公布《关于管理名胜古迹职权分工的规定》《关于地方文物名胜古迹的保护管理办法》，同年5月公布《地方文物管理委员会暂行组织通则》；1951年10月，中央人民政府文化部发布《对地方博物馆的方针、任务、性质及发展方向的意见》。1953年开始，为配合国家大规模经济建设，确定了以配合基本建设进行考古发掘为中心的全面文物保护管理工作。1961年，国务院颁布《文物保护管理暂行条例》，同时还公布了第一批全国重点文物保护单位名单。

2. 历史文化遗产保护体系的建立

20世纪70年代末，我国面临的保护问题逐渐从文物建筑转向整个历史传统城市。1979年，《中华人民共和国刑法》明确了对违反文物保护法者追究刑事责任，在基本法中确立了有关文物保护法规的地位。1982年11月颁布的《中华人民共和国文物保护法》进一步完善了我国文物保护的法律制度，标志着我国以文物保护为中心内容的历史文化遗产保护制度的形成。1982年，《国务院转批国家建委等部门〈关于保护我国历史

145

文化名城的请示的通知)》(国发〔1982〕26号),提出要保护历史文化名城,并公布了首批24个国家历史文化名城名单,对这些名城的保护与建设提出意见,正式开启了我国历史文化名城保护的序幕。

1986年,国务院在公布第二批国家历史文化名城时,提出历史文化保护区的概念,强调对于文物古迹比较集中,或能完整地体现出某一历史时期传统风貌和民族特色的街区、建筑群、小镇村落等,要作为历史文化区加以保护。

1994年3月,由建设部、国家文物局聘请各方面专家共同组成"国家历史文化名城保护专家委员会",加强对名城保护的执法监督和技术咨询,并将专家咨询建议正式纳入名城保护管理的政府工作范畴,极大提升了政府管理工作的科学性。

1997年,建设部转发了《黄山市屯溪老街历史文化保护区保护管理暂行办法》,指出历史文化保护区是我国历史文化遗产的重要组成部分,是保护单体文物、历史文化保护区、历史文化名城这一完整体系中不可缺少的一环。至此,我国名城三个层次的保护体系基本成为共识。

3. 历史文化遗产保护体系的逐步完善

我国历史文化名城保护的相关法律法规体系,涵盖国家或地方颁布施行的用以界定相关概念、明确相关措施、确定各方权责的法律法规、地方规章、行业规范等的总和。

(1) 国家层面的法律法规

2008年1月1日,新的《中华人民共和国城乡规划法》(后历经2015年、2019年两次修正)施行,明确将保护自然与历史文化遗产列为城市总体规划、镇总体规划的强制性内容,并提出在旧城区的改建中,应保护历史文化遗产和传统风貌。历史文化名城、名镇、名村的保护以及受保护建筑物的维护和使用,应遵守有关法律、行政法规和国务院的规定。2008年4月,国务院通过的《历史文化名城名镇名村保护条例》,对历史文化名城、名镇、名村的申报、批准以及规划和保护做出了规定,提出历史文化名城、名镇、名村的保护应遵循科学规划、严格保护的原则,保持和延续其传统格局和历史风貌,维护历史文化遗产的真实性和完整性,继承和弘扬中华优秀传统文化,正确处理经济社会发展和历史文化遗产保护的关系,并强调历史文化名城、名镇、名村应当整体保护,保持传统格局、历史风貌和空间尺度,不得改变与其相互依存的自然景观和环境,同时重点加强了对历史建筑的保护。

自1982年至2024年8月,我国已有142座历史文化名城、近800个历史文化名镇名村、8000余个中国传统村落,并对这些城市的文化遗迹进行了重点保护。

2025年3月1日实施的《中华人民共和国文物保护法》(2024年修订)提出,要加强对文物的保护,传承中华民族优秀历史文化遗产,促进科学研究工作,进行爱国主义和革命传统教育,增强历史自觉、坚定文化自信,建设社会主义精神文明和物质文明。

(2) 部门规章、技术规范与重要文件

与此同时,国家出台了一系列部门规章、技术规范与重要文件,进一步增强了历史文化遗产保护的权威性和科学性。

2000年,由中国国家文物局与美国盖蒂保护所、澳大利亚遗产委员会合作编制的《中国文物古迹保护准则》印发颁行。它在对中国当时的文物保护工作进行充分总结的基础上,明确了文物保护工作的基本程序和基本原则,澄清了当时文物保护工作中存在的一些争议，提升了中国文物保护的理论水平，规范了中国文物保护的实践工作，促进了中国和国际文物保护理论的交流和学习。《中国文物古迹保护准则》作为中国文物保护工作的最高行业规则和主要标准，问世后得到了广泛的宣传、普及和运用，一大批文物保护工作者接受了《中国文物古迹保护准则》的培训，有中国特色的文物保护理念在业内乃至社会上广泛传播，对中国的历史文化遗产保护工作起到了很好的理论指引和重要的推动作用，在国内外文化遗产保护领域产生了广泛而深刻的影响。可以说，《中国文物古迹保护准则》为2000年后中国文物保护工作的科学开展创造了条件，奠定了基础，对中国文物保护事业的发展具有重要的指导意义。

2002年颁布的《国务院关于加强城乡规划监督管理的通知》（国发〔2002〕13号）指出，历史文化名城保护规划是城市总体规划的重要组成部分，各地城乡规划部门要会同文物行政主管部门制定历史文化名城保护规划和历史文化保护区规划；历史文化名城保护规划要确定名城保护的总体目标和名城保护重点，划定历史文化保护区、文物保护单位和重要的地下文物埋藏区的范围、建设控制地区，提出规划分期实施和管理的措施。历史文化保护区保护规划应当明确保护原则，规定保护区内建、构筑物的高度、地下深度、体量、外观形象等控制指标，制定保护和整治措施，而且为了做好城市历史文化遗产的保护工作，制定了历史文化遗产保护优先的原则。

2003年11月制定了《城市紫线管理办法》（2011年修正），明确城市紫线是指国家历史文化名城内的历史文化街区和省、自治区、直辖市人民政府公布的历史文化街区的保护范围界线，以及历史文化街区外经县级以上人民政府公布保护的历史建筑的保护范围界线。规定在编制城市规划时应当划定保护历史文化街区和历史建筑的紫线，对城市紫线范围内的建设活动实施监督管理。

2004年3月，《关于加强对城市优秀近现代建筑规划保护工作的指导意见》指出，城市中优秀的近现代历史建筑是体现城市历史文化发展的生动载体，是城市风貌特色的具体体现，是不可再生的宝贵文化资源，是城市历史文化遗产保护工作的重要组成部分，是各级城市人民政府的重要职责，应切实加强对城市优秀近现代建筑的保护，并对优秀近现代建筑的定义、保护规划和管理控制提出了明确的规定。

2005年12月，国务院印发了《关于加强文化遗产保护的通知》（国发〔2005〕42号），明确提出了加强历史文化遗产保护的指导思想、基本方针、总体目标和主要措施，并规定从2006年起，将每年6月的第二个星期六设立为我国的"文化遗产日"，标志着中国文物事业进入一个新的发展阶段。

从2006年起，为了维护城乡规划的严肃性，更好发挥城乡规划作用，强化城乡规划的层级监督，住房城乡建设部开始实施城乡规划督察制度。其中，历史文化名城、古建筑保护和风景名胜区保护问题是城乡规划督察员重点督察的主要内容，部派城乡规划督察员通过参加各类涉及规划督察事项的会议，约见市政府及规划主管部门领导等方式，对派驻城市的生态环境、历史文化遗产、风景名胜资源等核心资源进行监控，及时发现和制止地方规划实施中的问题，确保规划强制性内容的严格实施，避免了因规划决策失误造成的重大损失，取得了显著成效。

2012年年底，《住房和城乡建设部 国家文物局关于印发〈历史文化名城名镇名村保护规划编制要求〉（试行）的通知》（建规〔2012〕195号）发布，提出编制保护规划，应当以科学发展观为指导，遵循保护遗产本体及环境的真实性、完整性和保护利用的可持续性的原则，保护历史文化遗产，改善人居环境，促进经济社会协调发展；历史文化名城、历史文化街区、名镇、名村保护规划的编制应遵守本要求规定，符合国家有关法律法规、标准规范的规定，采用符合国家有关规定的基础资料。

2014年12月，住房城乡建设部颁布施行《历史文化名城名镇名村街区保护规划编制审批办法》；2017年《历史文化名城名镇名村保护条例》修订，为全国范围保护规划编制的规范化、科学化奠定了良好的基础。

2015年《中国文物古迹保护准则》颁布与2000年版相比，修订后的《中国文物古迹保护准则》既充分尊重了前版的主要内容，保证了内容上的延续性，又充分吸收了中国ICOMOS十多年来历史文化遗产保护理论和实践的成果，在历史文化遗产价值认识、保护原则、新型文化遗产保护、合理利用等方面，充分体现了当今中国历史文化遗产保护的认识水平，呈现出一系列新的特点和亮点，更具针对性、前瞻性、指导性和权威性。

2024年5月，《国务院办公厅关于印发〈国务院2024年度立法工作计划〉的通知》（国办发〔2024〕23号）发布，预备提请全国人大常委会审议历史文化遗产保护法草案，预备制定历史街区与古老建筑保护条例、传统村落保护条例、历史文化名城名镇名村保护条例。

6.3 基于城市更新战略的历史文化遗产保护规划

6.3.1 历史文化遗产保护的规划思路

随着城市化进程的不断推进，历史文化遗产保护面临日益严峻的挑战。历史文化遗产是城市的宝贵财富，凝结了城市的历史记忆和文化底蕴，对于塑造特色城市、增强城市文化软实力具有重要意义。然而，在城市快速发展过程中，历史文化遗产面临被拆除、破坏、失修等诸多挑战，亟须加强保护。城市规划作为指导城市发展的重要手段，在历史文化遗产保护中发挥着关键作用。下面从城市规划的角度，探讨历史文化遗产的保护思路，为相关工作提供参考，推动历史文化遗产保护与城市发展的和谐共生。

1. 完善历史文化遗产保护机制，厘清责权范围

我国在历史文化遗产保护方面基本以政府推动为主，社会团体参与度不高，民间组织力量也不够壮大，尚未形成一股强有力的力量。从这个角度上讲，政府支持、政策倾斜对于历史文化遗产保护来说十分重要。

（1）政府应当树立正确的城市发展观念，以可持续发展观为指导，抓紧出台相应政策，完善历史文化遗产保护机制，将历史文化遗产保护作为城市规划的重要内容，与城市有机更新相结合，必要时可以从法律、政策层面对历史文化遗产保护做出具体规定，鼓励、支持在城市发展过程中保护历史文化遗产的行为，提高对历史文化遗产保护的支持力度和保障力度。

（2）各级管理部门要加强横向协作，从行业管理需求出发，营造良好的保护氛围。在实际管理工作中，可先成立一个专职负责历史文化遗产保护的机构，属地政府积极配

合专职部门的工作,做到责权明确,而不是需要参与保护工作的时候临时拼凑几个部门成立一个领导小组或者临时管理机构。这个管理机构专门处理涉及历史文化遗产保护方面的事宜。此外,该机构还应当有用于历史文化遗产保护的专项经费,遇到重大事项时,属地政府也应给予专门的财政拨款,做到专款专用。

(3) 加大宣传力度,体现文化的重要性。这意味着不仅要通过加大宣传提高公众对历史文化遗产保护的重视程度以及保护意识,还要加大传播保护价值的力度,切实增强文化的感染力、凝聚力和亲和力,提高历史文化遗产周边居民的自豪感和幸福感,使之自觉参与保护工作中。

2. 修订历史文化遗产保护规划,健全配套设施

(1) 我国各地政府要借鉴国际经验和国内其他城区的成功做法,高起点、高标准修改并制订适合地方发展的历史文化遗产的挖掘、保护和开发利用等规划,在编制过程中应当充分听取各有关部门和专家的意见,利用已有规划成果,在国土空间规划体系下,综合考量各方面工作的需要,加强规划与环保、交通、水利、土地利用、历史文化名城保护等相关专项规划的衔接,提高规划的科学性和可操作性。在实施过程中,各地政府要做好事前的调查研究工作,对于大范围遗址群应当进行整体保护,若以现在技术手段还不能保护的应当暂停开发,留于后世;对于孤立的遗址遗存,确实无法与城市开发规划相融合的,可以进行整体平移,迁入特定区域,与其他文物遗址共同保护;经过评估,对于可以保护也可以进行开发利用的历史文化遗产,应当制定合理的规划方案,同时严格按照国家法律法规执行,不能擅自扩大、缩小保护范围,更不得擅自更改规划方案。

(2) 各地政府要合理规划功能布局,尽量减少对原住民生活的影响,在后期维护和整修时要尽可能地做好调查研究,尊重并掌握原住民以及游客的所需所求,满足双方的要求。此外,各地政府还应建立长期跟踪反馈机制和长效管理机制,相关部门应当在纵向合作的基础上,从法律、制度、体制等方面入手,加强对保护历史文化遗产的横向协作和扶持力度。

(3) 在改造或者后期维护、招商时,可以配备一些基础设施,供居民和游客共同使用。也可以开展节日巡游等一系列活动,鼓励居民和游客共同参与。还可以将一些民居建筑有计划地改建为具有公共性质的传统工艺展示场所,使居民、游客既能参与正宗非物质文化遗产工艺的制作,又能买到放心的传统物品,这样既起到了宣传本地文化的作用,又维护了旅游市场的健康稳定发展。

3. 加大历史文化遗产保护投入,补齐非遗短板

我国历史文化遗产保护的资金以财政支付为主,主要包括各级政府财政补助、遗产地财政收入和利用遗产所带来的收入,这与欧洲各国相似。欧洲许多国家一般通过法律来明确支付的内容,包括补助金额、比例、拨款对象和补助对象等。另外,英国、意大利等国也会通过发行历史文化遗产彩票、创立历史文化遗产保护基金,或对一些大的保护项目通过政府发行信托产品等方式来吸收民间资本。我国历史悠久,尽管用于历史文化遗产保护的财政资金逐年增加,但仍然无法满足日益增长的保护历史文化遗产的需要。因此,部分财政收入较宽裕的地方政府,可以加大对历史文化遗产保护的财政预算投入,从资金上予以保障;也可以借鉴他国经验,创新发展形式,以建立保护基金、发

行政府债券等形式，适度吸收民间资本参与历史文化遗产保护，增强保护工作参与度。

与物质历史文化遗产相比，非物质历史文化遗产受保护程度和范围相对较弱。因此，各地政府应当对非遗项目的传承加大保护力度，积极举办全国性非遗活动、高端论坛、展览等；同时引入社会力量形成联盟，联系院校驻点开展传承人创新孵化，集聚非遗资源、加强研究交流等；还可以与国家级非遗传承人签约，定期举行大师传习和传统工艺进社区系列活动，探索城市非遗保护新样板，形成非遗保护"热地、高地和样板地"。此外，原住民是历史街区的重要组成部分，是非物质历史文化遗产的重要传承者，部分地区因迁走全部的原住民，使得非物质历史文化遗产缺乏特定的生存和发展空间，这是非物质历史文化遗产目前陷入困境的重要原因之一，在日后的工作中要尽量避免这种现象。

此外，民俗文化由本地区的民众创造延续产生，具有娱乐、休闲、审美等功能，能满足现代人的文化需求。因此，越是地道的生活习俗、民俗风情越会受到民众推崇。原住民作为市井文化、生活习惯、风俗传统等民俗文化的继承者和发扬者，这些风俗习惯只有原住民作为载体才能保留；再加上出于旅游价值、社会价值和研究价值的考虑，有原住民的历史文化地区更具有品牌效益。因此，各级政府在开发保护历史文化遗产时，应当注意对原住民的妥善安置，重视原住民对历史文化遗产发展的保护作用，能回迁的尽量回迁，确实无法回迁的，应将其安置于相对集中的区域，以保证历史文化的传承与发展。

4. 加强历史文化遗产价值发掘，形成文化共鸣

目前，很多地区对于历史文化遗产的认知与价值发掘仅停留在作为旅游资源使用的层面，这对于其价值的挖掘是表面的。历史文化遗产与城市建设、社会发展、经济增长、文化教育等方面联系紧密，具有相当高的研究价值和经济价值。应当积极开展文化遗存的挖掘、保护、展示工作，大力传承和保护历史文化遗产，系统梳理非遗文化资源，让历史文化进入公园、广场、景区、街巷、村落和百姓视野，成为城市标识的新元素、新内涵。

5. 拓展街区多元空间，提升利用效率

政府在进行历史文化遗产保护时，对一些环境现状较好的历史文化遗产点或历史内涵丰富的风景文化园林，应当有针对性地进行改建、扩建，建成与周边环境相融合的公共园林。对于保存现状一般或较差但周围环境较好的历史文化遗产点，可进行局部修缮，适当补充，并融入地方特色，增强实用性，这样既能供公众休闲娱乐，又能宣传历史文化。对一些保存较差、周边环境较差，甚至还需要跨区协调的历史文化遗产点，则需要各级政府进行横向、纵向沟通，先将其进行妥善保存，或者列入保护计划，等待合适时机再进行开发利用。

6. 引入新型科技手段，提高保护能力

技术日新月异，在历史文化遗产保护工作中，我们应积极采用新技术，依托遗存保护工程平台，建成独立、成熟、完整的保护体系。

目前，博物馆式的开发方式值得继续推广，还可以引进民间博物馆、音乐基地、数字博物馆等新平台，通过文字、录音、录像、图片等多媒体手段，对遗产地的历史文化遗产进行真实、系统、全面的记录。此外，还可以运用VR技术、计算机图形学技术、三维技术等，对部分遗产进行虚拟再现、模型展示以及古文物复原，开展针对中小学生

的趣味性、探索性活动，寓教于乐，以吸引更多年轻人关注历史文化遗产。同时，博物馆式的开发利用形式要灵活丰富，可以在寒暑假人员流动高峰期，推出免费的知识讲座、展览等活动，促进参观者主动学习，形成良好的文化氛围。

7. 有效整合社会资源，形成保护合力

随着经济社会的快速发展和人们生活水平的不断提高，群众对精神文化的需求快速增长且日益多样化，文化自觉和文化自信显著增强，参与文化建设与发展的热情逐年提升，公众成为历史文化遗产保护的重要力量。因此，在"大文化、小政府"的格局下，单纯依靠政府办文化的模式已经无法适应我国当前的基本国情。

民营资本对公共文化的作用越来越突出，政府要积极鼓励民营资本参与文化大发展，转变它们的价值观念，提高其社会责任感。具体做法如下：

（1）从政策上保证民营资本与国有文化企业享有同等待遇，打破文化体制壁垒，积极争取和开拓入驻场地资源，简化审批手续，缩短审批时间；有条件的地区可以加大文化产业扶持专款投入，培育民营文化龙头企业。

（2）在文化人才培养方面，政府应打破现有编制障碍，吸引体制外的众多人才，加强人才交流。在文化活动及文化项目的开拓与合作方面，政府可以通过公开招标、邀请招标、竞争性谈判、单一来源采购、询价等采购方式，推进公共文化服务的社会化与市场化，逐步建立公共文化服务政府采购机制。

（3）在城市更新过程中，各地政府还应当积极鼓励开发商参与历史文化遗产保护工作，提高其保护意识，增强社会责任心。从目前城市发展的规律来看，历史文化遗产周边往往是最具商业价值的地段，是商业综合体和房地产开发的最佳选择。但是，在这种高商业价值的背景下，很容易出现为追求利益最大化而忽视周边环境保护的问题。因此，政府除了在规划时应注意从整体上进行历史文化遗产保护外，还应当正确处理与开发商的关系，努力提高开发商的社会责任心。

8. 加强区域交流合作，借鉴先进经验

以美国为例，自 1976 年起，美国就为旧城更新制定了多项税费优惠政策，形成了历史建筑有效保护和循环利用的良好氛围。美国的优惠政策主要是通过抵扣税、减税、免税以及设定税费豁免期四种形式进行操作，取得了非常好的效果。除此之外，美国作为联邦制国家，各州会在联邦政府出台相应政策后制定各自的政策，以更适合本地区的实际情况，确保不会因为准入门槛过高而忽略应保护的历史文化遗产。

目前，我国对城市建设以及历史文化遗产保护方面的税收优惠政策的表述并不十分明确，基本上都是参照《中华人民共和国公益事业捐赠法》《中华人民共和国企业所得税法》中的有关规定，各地没有根据实际情况出台相应政策。因此，在吸引民间资本的积极参与方面力度稍显不足。各地政府可从制度、政策上规范民间资本参与文化事业建设，以吸引高质量的民间资本参与历史文化遗产保护工作。

6.3.2　总体规划层面的历史文化遗产保护

1. 城市总体布局和空间发展模式

（1）模式背景

城市是一个大系统，作为历史性城市，拥有悠久的历史文化传统和丰富的古迹遗存是它们的共同特征。但由于各个历史性城市在城市性质、规模和社会经济条件等方面的差异，每个城市又都有自己的个性表现。

对于中小历史性城市，特别是小城市，其性质表现往往比较单一，也就是说，它们主要是作为历史文化名城而具有魅力。但随着城市规模的扩大，城市的主要职能往往会变得更加复杂和多样。对于大城市和特大城市来说，其城市性质常常是综合性的，作为历史性名城的职能只是其中之一。在这种情况下，如何确定古城的性质、选择正确的空间发展模式，制定合理的总体布局显得尤为重要。历史文化名城保护规划应围绕城市总体布局、历史城区职能、城区交通和市政等方面提出有利于名城保护和城市和谐发展的具体措施。

（2）注重保护历史建筑

城市发展与民族传统、文化背景、发展过程直接相关，集中体现在城市建筑风貌上，而历史建筑的保护正是历史文化名城保护的重要内容。改革开放以来，经济发展作为首要任务成为城市发展的主要驱动力。然而，这种动力如果处理不当就会成为历史底蕴的破坏力，即文化背景的消解和文化象征的损毁。因此，要研究历史文化名城的基本特点、背景、风貌，在发展经济的过程中要利用好这些要素。在城市化进程中，城市规模要扩大、社会要进步，但同时也要保留不同时代的遗存，这才是真正的发展。从清朝到现阶段，建筑形式不断变化，要尊重这种历史发展过程，留住文化内涵和精华，将它们转变为发展的动力。例如，2020年广州市规划和自然资源局花都区分局公布实施《花都区平西村树滋庄传统村落保护发展规划》，这是针对广州市花都区平西村树滋庄这一传统村落的保护和发展而制定的规划，规划范围约26.6hm^2。该规划通过建立保护体系，明确规定了核心保护范围和建设控制地带内新建、扩建、改建的建筑高度，以及保证树滋庄古建筑群120°水平视线通廊的要求。

（3）缓解历史城区保护压力

在城市发展方向上，应提出通过新区建设缓解历史城区保护压力的方案和建议，强调"拓新城、保古城"，以缓解古城、旧城区功能的过度重叠，疏散人口密度，防止开发性破坏；应将工业从古迹集中的中心区迁出，分散到远郊甚至更大的地区范围内；与此同时，还应配合城市及郊区的工业布局调整，一般还需要辅以更大范围的规划措施，诸如选择合理的空间发展模式，对市中心规模加以控制等。

2. 城市格局的整体保护

城市是"自然与人工构造物的复合体"，应尽量保留"山水形胜"的基本地理格局。着重保护江河、湖泊、海岸线、沼泽湿地和山体植被等自然斑痕，使自然风光与文化特色交相辉映，让城市的天际线与山水景观融为一体。历史性城市的自然环境格局包括古城及周边特有的地形、地貌、山川、河湖水系等自然环境要素及其相互之间的空间关系。应保护和展示历史性城市的自然轮廓线和景观界面，严禁建设性的破坏；严禁开山采石、填水造地等破坏历史城市自然风貌的行为；注重历史性城市原有空间形态的整体保护和风貌特征的统一协调，保护富有特色的街巷布局及走向、城墙城郭、视线通廊、园林绿化及开敞空间体系。

文物古迹、纪念性建筑物、园林名胜和道路、广场、自然地形及景观共同构成了城市复杂的空间网络。如荷兰阿姆斯特丹严谨整齐的蜘蛛网式的结构，其运河既是交通线也是城市的空间网络。广场是城市的精华所在和魅力的集中之处，因而城市广场往往被誉为城市的"客厅"，是组成城市空间网络的重要因素，也是规划设计的重点。除中心广场外，城市空间网络的交会、转折或过渡处，通常也布置有各种类型和大小的广场。将特殊的地形景观和风景名胜景点融入城市空间网络，可以使城市空间面貌生动活泼。

3. 城市道路交通组织

(1) 对外交通的组织

火车和汽车作为联系城镇之间，城市郊区之间最快速便捷的交通工具，其出现不仅影响到城市的发展，加速了城市的膨胀，更直接影响到城市原有的道路格局。因此，处理好铁路和对外公路交通，是历史性城市保护中首先要解决的问题。对外交通组织包括：铁路线和车站的布局；主次干道的设置以及对外与过境公路交通组织；大型立交及高架路设置；交通流量控制。

(2) 内部道路组织

历史上形成的道路网作为城市传统格局的主要组成内容，对城市的空间形态有着举足轻重的作用，保护传统的道路格局对名城保护有特殊的意义。从历史上看，在很长一段时期内，步行一直是城市最主要的交通方式，早期甚至是唯一方式，可以说是步行的城市。对传统街道进行保护、更新和改造是一个难度较大的问题，如对大量的传统城市来说，旧城内部及城市中心道路改造相当困难，去弯取直、拓宽路面等操作，都会导致大量传统建筑被拆除，不但城市原有格局无法保持，传统的空间形态也将受到破坏。因此，在历史性城市内部道路组织中应采取的措施有：限制车辆交通；将原有道路改为单行或开设步行街、步行区；发展公共交通，减少私人小汽车数量；运用地铁、轻轨；历史城区内道路原则上不得拓宽，不得改变已有的道路骨架；必要时，在历史城区内实施特殊的交通管制。

4. 城市高度与视廊控制

要保护好一个城市的轮廓线（或称天际线），除必须保护作为轮廓线主体（突出部位）的建筑本身外，更重要的是控制面上的建筑高度，以保证这些主要建筑在天际线上的地位不受破坏。

在小城市中，只要新城和老城的关系配合适当，一般不存在人口大量涌向老城中心的问题，建筑向上发展的趋势不突出，因此建筑高度的控制相对容易。但在大城市，建筑高度控制的问题就变得十分必要，目前分区控制的原则已逐渐为人们普遍接受。与高度控制相联系，尺度的协调也是普遍注意的问题，而且建筑物体量的大小必须和街道格局空间相适应。

历史文化名城保护规划必须控制历史城区内的建筑高度。在分别确定历史城区建筑高度分区、视线通廊内建筑高度、保护范围和保护区内建筑高度的基础上，应制定历史城区的建筑高度控制规定。对历史风貌保存完好的历史文化名城应确定更为严格的历史城区的整体建筑高度控制规定。视线通廊内的建筑应以观景点可视范围的视线分析为依据，规定高度控制要求。视线通廊应包括观景点与景观对象相互之间的通视空间及景观对象周围的环境。

6.3.3　详细规划层面的历史文化遗产保护

1. 保护范围的划定

（1）文物保护单位保护范围的划定

各级文物保护单位应划定保护范围和建设控制地带。根据需要可在其外围划定文物保护单位的环境协调区。文物保护单位的保护范围，应按照《中华人民共和国文物保护法实施条例》的规定划定。文物保护单位的建设控制地带，应按照《中华人民共和国文物保护法实施条例》的规定划定。各级文物保护单位的保护范围和建设控制地带，一般以文物主管部门核定的范围为准，如有必要调整，应与文物部门协调并按程序呈报。

（2）历史文化街区保护范围的划定

历史文化街区应划定保护区和建设控制地带的具体界线。历史文化街区的建设控制地带，应当根据历史文化街区周围环境的历史和现实情况合理划定，以保护历史文化街区的环境、历史风貌不受周围建设项目的影响。历史文化街区的环境协调区可根据实际需要划定。城郊及市（县）域历史文化名村、镇的保护范围可按照历史文化街区的要求划定保护区和建设控制地带。对于不够历史文化街区条件的一般历史地段，可以划定为历史文化风貌区，可参照历史文化街区划定控制范围。

（3）历史文化名城、名镇、名村保护范围的划定

依据《历史文化名城名镇名村保护条例》，具备下列条件的城市、镇、村庄，可以申报历史文化名城、名镇、名村：保存文物特别丰富；历史建筑集中成片；保留传统格局和历史风貌；历史上曾经作为政治、经济、文化、交通中心或者军事要地，或者发生过重要历史事件，或者其传统产业、历史上建设的重大工程对本地区的发展产生过重要影响，或者能够集中反映本地区建筑的文化特色、民族特色。历史文化名城、名镇、名村的保护范围包括历史建筑、传统民居、历史街区、历史地段等。

2. 保护范围的保护

（1）文物保护单位的保护

文物保护单位的保护范围内，一切修缮和新的建设行为均要求严格按照《中华人民共和国文物保护法》执行；建设控制地带为保障保护范围外围的环境不受新的建设影响，需严格控制的内容包括：用地和建筑性质、建筑高度、体量、色彩及风格、绿化环境及重要地形地貌等，规划部门批准前应征得文物部门的同意；环境协调区通过城市规划予以控制，以保护文物古迹的历史环境为目标，重点控制用地性质、建筑高度及风格，保护和加强文物古迹周围的自然景观环境特征。下面将主要介绍政策法律保障、标准规范保障、规划与计划保障、机构保障和经费保障等相关内容。

① 政策法律保障。文物保护单位的安全防范是文物安全政策的重要组成部分。我国法律法规对安全防范做出了一系列规定，其保障体系是法律、行政法规、地方性法规、规章和国际公约等。

a.《中华人民共和国文物保护法》对文物保护、活化做出了一系列重要规定。第四条规定："文物工作坚持中国共产党的领导，坚持以社会主义核心价值观为引领，贯彻保护为主、抢救第一、合理利用、加强管理的方针。"第九条规定："国务院文物行政部门主管全国文物保护工作。地方各级人民政府负责本行政区域内的文物保护工作。县级

以上地方人民政府文物行政部门对本行政区域内的文物保护实施监督管理。县级以上人民政府有关部门在各自的职责范围内，负责有关的文物保护工作。"第十条规定："国家发展文物保护事业，贯彻落实保护第一、加强管理、挖掘价值、有效利用、让文物活起来的工作要求。"

b. 《中华人民共和国文物保护法实施条例》的相关规定。第十二条规定："古文化遗址、古墓葬、石窟寺和属于国家所有的纪念建筑物、古建筑，被核定公布为文物保护单位的，由县级以上地方人民政府设置专门机构或者指定机构负责管理。其他文物保护单位，由县级以上地方人民政府设置专门机构或者指定机构、专人负责管理；指定专人负责管理的，可以采取聘请文物保护员的形式。文物保护单位有使用单位的，使用单位应当设立群众性文物保护组织；没有使用单位的，文物保护单位所在地的村民委员会或者居民委员会可以设立群众性文物保护组织。文物行政主管部门应当对群众性文物保护组织的活动给予指导和支持。负责管理文物保护单位的机构，应当建立健全规章制度，采取安全防范措施；其安全保卫人员，可以依法配备防卫器械。"

c. 地方性法规、规章的相关规定。在保护文物的地方性法规（综合性或专项法规）中，对文物保护单位的安全防范都有或多或少的规定，地方性法规、规章也是文物保护单位安全防范法律保障体系的重要组成部分。例如，2002年12月7日甘肃省第九届人大常委会第三十一次会议通过，2003年实施的《甘肃敦煌莫高窟保护条例》规定："第十五条 敦煌莫高窟重点保护区内不得新建永久性建筑物、构筑物；一般保护区内不得进行与文物保护无关的建设工程。在敦煌莫高窟重点保护区和一般保护区内均不得进行爆破、钻探和挖掘等作业，不得建设污染文物及其环境的设施，不得进行可能影响文物安全及其环境的活动。因特殊需要进行的建设工程，必须事先征得国务院文物行政部门同意，由省人民政府批准……第十七条 在敦煌莫高窟保护范围和建设控制地带内已有的污染文物及其环境的设施，应当限期治理；危害文物安全及破坏其历史风貌的建筑物、构筑物，应当依法调查处理，必要时对该建筑物、构筑物予以拆迁。第十八条 在敦煌莫高窟保护范围和建设控制地带内进行的建设工程，事先应当依法进行考古调查、勘探。在考古调查勘探中发现文物的，应当按照文物保护的要求制定文物保护方案；在工程建设中发现文物的，建设单位应当立即停工，保护现场和文物安全，及时通知敦煌莫高窟保护管理机构或者敦煌市人民政府文物行政部门。因建设工程而进行的考古调查、勘探、发掘费用，由建设单位列入建设工程预算。"

d. 国际社会的有关规定。在联合国教科文组织通过的保护文物的国际公约和原则建议中，都有涉及不可移动文物安全、防范内容的规定。例如，加强对公众教育，提高公众保护文物意识，是从根本上进行防范，是做好文物安全防范的重要前提之一。依据联合国教科文组织于1970年11月14日在巴黎通过的《关于禁止和防止非法进出口文化财产和非法转让其所有权的方法的公约》，努力通过教育手段，使公众心目中认识到，并进一步理解文化财产的价值和偷盗、秘密发掘与非法出口对文化财产造成的威胁。联合国教科文组织于1972年11月16日在巴黎通过的《保护世界文化和自然遗产公约》，同样规定了对公众进行教育问题——本公约缔约国应通过一切适当手段，特别是教育和宣传计划，努力增强本国人民对本公约第一、二条中确定的文化和自然遗产的赞赏和尊重。

②标准规范保障。

a. 2002年修订公布的《文物系统博物馆风险等级和安全防护级别的规定》（GA 27—2002）（以下简称《规定》）的相关规定。依据《规定》："本标准适用于文物系统博物馆，也适用于考古所、文物管理所、文物商店、各级文物保护单位。"在一、二、三级风险单位中，分别列入全国重点文物保护单位、省级文物保护单位和市、县级文物保护单位，并规定了技防系统等标准。

b. 制定文物保护单位风险等级建议。《规定》增加了一些新的内容，最主要的是把文物保护单位和世界文化遗产单位纳入风险等级范围，为文物保护单位技术防范设施建设提供了标准依据和保障。但《规定》对文物保护单位的规定过于笼统，没有针对文物保护单位的不同种类和不同情况做出相应规定，很难操作。虽然在"管理要求"中有关于风险等级认定、审批的规定，但没有比较明确的标准。执法者自由裁量权太大，缺乏制约，同时在检查监督中也很难衡量《规定》的落实情况。此外，在文物保护单位中，许多古遗址、古墓葬和古建筑中的长城、水利设施以及近现代代表性建筑等，如大型遗址和古墓葬群范围内，往往有数以十计的村庄，数以万计的居民在其中生产、生活，一般是无法或无须建设技术防范设施的。为此，需要在进一步调查研究和总结实施《规定》情况的基础上，制定专门的文物保护单位风险等级和安全防护级别的规定，建立起文物保护单位技术防范标准体系。

③ 规划与计划保障。

a. 制定文物保护单位技防建设规划。制定文物保护单位防范特别是技防设施建设规划和计划，对保障其技防设施建设发展、完善，保护文物保护单位安全有着重要作用。为了落实《规定》对文物保护单位风险等级的规定，将其技防设施建设纳入规划并有计划地进行，相关学者提出建议：应在制定、修订文物事业长期发展规划时，增加对文物保护单位风险等级达标的规划内容；文物保护单位数量大、种类多、情况复杂，贯彻落实《规定》的要求，分期分批完成风险等级达标是一项巨大的系统工程，因此，应进一步调查研究后再制定文物保护单位技防设施建设专项规划；由国家和省级文物行政主管部门，分别制定全国重点文物保护单位和省级、市、县级文物保护单位技防设施建设规划，其内容既可以是包括各个类别的文物保护单位，也可以是古建筑塑像、石窟寺、石刻古墓葬等某类文物保护单位。

b. 制订文物保护单位技防设施建设计划。文物保护单位技防设施建设规划，只有通过年度计划的实施才能真正落实，否则将会落空，失去规划的效力和作用。特别是经费投入办法的改革，即实行预算管理制，没有列入年度计划的文物保护单位技防设施建设项目，就没有经费投入。因此，应重视年度计划制订工作，省级文物行政主管部门在制订文物工作年度计划时，应把文物保护单位技防设施建设项目纳入计划，争取立项，按计划进行建设。《规定》增加了文物保护单位技防设施建设内容，可能会因为习惯性操作或者对这一新的变化尚未引起足够重视，在制订文物工作年度计划时而未列入文物保护单位技防设施建设项目，那将是一个原本可以避免的损失。

④ 机构保障。文物保护单位特别是全国重点文物保护单位和省级文物保护单位的保管机构和人员队伍建设，是文物保护单位各项防范工作落到实处的组织保障。对文物保护单位应区别情况，设立专门机构或专人负责管理，并做出明确规定，为保管机构和

人员队伍建设提供重要法律依据。

　　a. 建立专门文物保管机构。目前，文物保护单位保管机构从总体上说可分为两种，一种是市县文物保管机构负责该行政区域内文物保护单位的保护和管理工作；另一种是为文物保护单位特别是全国重点文物保护单位和省级文物保护单位建立的专门保管机构，负责该处或几处文物保护单位的保护和管理工作。就全国重点文物保护单位和省级文物保护单位而言，以设立专门机构负责管理为宜，以充分发挥专门机构的职责和保管效能，为该文物保护单位的有效保护、安全防范发挥其作用。

　　b. 文物保管机构的职责。文物保护单位专门保管机构的主要工作有文物调查（包括考古调查），文物保护、维修，藏品保管，建立记录档案，文物宣传、陈列，文物保护单位开放安全保卫、管理等。由于文物保护单位的类别不同，其专门保管机构的主要工作也有区别。但安全保卫工作是每一个专门保管机构的主要工作之一。

　　c. 文物保管机构的制度建设。文物保管机构特别是专门文物保管机构，由于其保护管理的对象（不可移动文物）类别不同，在职责方面也有一定区别。每个专门文物保管机构应根据其职责，研究制定各方面的工作规定，建立健全各项规章制度，通过各种规定规范工作，使各项工作有章可循。就安全防范而言，应制定安保人员上岗条件、上岗培训、岗位职责、安全责任、安全检查、安全奖励、责任追究等方面的规定。规定是一种保障，但要执行和落实，才能发挥其保障作用。市县文物保管机构和文物保护单位专门保管机构是文物事业的基层单位，对这些机构和人员队伍建设应给予高度关注。关注基层，加强基层建设，是做好文物保护、安全防范工作，发展与繁荣文物保护事业的重要前提条件之一，相关部门应当在政策、经费、科技、培训等方面给予支持。

　　⑤ 经费保障。经费保障是文物保护单位防范措施实现的财政保障，主要包括人防与物防经费和技防设施建设经费等保障内容。

　　a. 人防与物防经费。人防经费主要是文物保护员补助费、工作人员夜间补助费等，物防经费主要是安装或加固门窗、建围栏或保护墙等所需费用。这两种经费一般应列入当地财政预算。在实际工作中，许多地方财政困难，无法解决或者只能解决一部分所需经费，使人防和物防工作受到不同程度的影响，特别是影响了田野文物的保护工作。为了加强田野文物保护，在经费上给予支持，一些省采取了不同措施，如列入财政预算；省文物行政主管部门和省财政主管部门共同确定，全国重点文物保护单位和省级文物保护单位的保护员经费，由省财政列入预算，拨给省文物行政主管部门，由其分配下拨；市、县级文物保护单位保护员补助经费，由市、县财政列入预算。

　　b. 技防设施建设经费。文物保护单位根据其级别，分别列入一、二、三级风险单位，按照不同的风险等级规定，建立健全技防设施。这是一项巨大的工程，需要投入大量资金，没有经费保障是无法完成的。为了有计划、有步骤地完成文物保护单位技防设施建设项目，首先应制订规划和总预算。笔者认为，这笔经费只有分别列入国家和省级财政预算，拨出专款由国家和省级文物行政主管部门组织实施，才能有保障。在国家和省级文物保护补助经费中，可逐年安排全国重点文物保护单位和省级文物保护单位技防设施建设项目，对于风险大、急需建设的技术防范设施的项目应优先安排。

　　（2）历史文化街区的保护

　　近年来，随着经济的快速发展及人口的增加，历史街区文化遗产赖以生存的环境正日益受到侵蚀。目前的历史文化街区保护规划中采用的大多是传统方法和手段，使得历史文化街区保护规划无法做出科学的分析和规划决策，从而导致一些规划设计总体质量不高，城市发展面临巨大的开发压力。由于传统的方法和技术手段难以满足当前历史文化名城保护规划形势发展的需要，因此探索用新技术、新手段来解决历史街区现状调查、保护规划编制与管理中遇到的问题成了当务之急。历史文化街区的保护策略主要有以下几个方面。

① 调整规划编制时间。在历史街区的保护开发过程中，规划编制是后续设计的前期准备工作，对后续相关工作的开展也具有制约作用，如果规划编制不够完善，将会对后续设计产生相应的影响。我国历史文化街区的申报和规划编制等相关工作通常要在较短时间内完成，这也导致调查研究的时间相对较短，无法充分、全面、系统地进行调查。尤其在历史文化街区的规划编制和后续设计调查方面，工作人员往往对社会经济、土地利用以及人口信息等十分重视，但对人文环境等非物质要素存在一定的忽视，因此在对同一街区开展调查工作时，其结果往往存在重复性。对此，相关部门需要对规划编制的时间进行调整，延长调查研究的时间，确保相关调查工作的充分开展，这样不仅可以提升规划编制质量，还能够提高后续设计水平，使相关调查结果更具有准确性和代表性。

② 城市、历史文化街区、社区联动保护。现阶段，我国历史名城保护规划体系主要包括历史文化名城、历史文化街区与文物保护单位三个层次，但在实际开展保护工作时，其保护内容之间存在断层。

a. 历史文化街区的保护规划应与城市规划相结合，城市建设应该与该城市的历史文化之间具有相同或相似的肌理组成和历史文脉源头。

b. 目前多数城市建设将城市和历史文化街区割裂，但历史文化街区的保护规划应该与城市环境和空间联系到一起，不能忽略历史文化街区服务大众的功能和用途，因此应将历史文化街区融入人类城市实践中，避免存在局限性。历史文化街区自身大多缺乏基础设施，相关功能的运转无法满足现代化的建设需求，因此通过新老街区之间的联动可以使历史文化街区的复兴压力得到缓解，使历史文化街区的产业、交通以及经济和基础设施方面的压力得到有效缓解，从而促进历史文化街区的健康发展。

c. 历史文化街区所具有的社区功能能够充分体现街区的整体性和有机性，通过保持历史文化街区良好的运行状态，提升整个城市的魅力，带动城市发展。因此，历史文化街区的重点保护工作应为功能性保护。

③ 信息技术应用。在信息时代背景下，历史文化街区的保护可借助互联网，通过对互联网平台历史文化遗产保护研究的有效运用，推动相关行业的发展，促进旅游开发。"互联网＋旅游"并非只是二者的简单相加，而是在信息技术发展的基础上，对其进行有效利用，为相关行业构建良好的信息平台，使二者产生有机联系，构建新型生态环境。除此之外，传统旅游功能目前已经无法满足新时代的发展需求，对此，需要借助互联网平台使传统观光旅游向精神文化型和创新型旅游转变，实现"互联网＋旅游"的创新融合，提升旅游业的服务水平，推动旅游产品的拓展，从而提升历史文化街区的经济价值。因此，相关部门需要对互联网平台进行有效运用，将其与历史文化街区旅游进行有效融合，全面提升历史文化街区的商业价值，使更多人了解到相关历史文化遗址，

感受城市深厚的文化底蕴，增强人们对历史文化街区的保护意识，促进相关保护工作的深入开展和全面落实。

(3) 历史文化名城、名镇、名村的保护

① 提高认识，加强政府管控。

a. 摸清家底，完善建档体系。按照市县镇村的四级管理体系，开展名城、名镇资源的全面普查，全面掌握资源家底，为丰富和提升历史文化资源保护水平夯实基础。完善各名城文物保护单位、历史建筑的建档工作，构建完善的建档体系。

b. 强化责任，健全管理体系。成立历史文化名城保护委员会，设立历史文化名城保护办公室，具体承担名城保护、街区保护的工作协调职责。将历史文化名城名镇保护工作纳入政绩考核体系，健全名城监督检查制度，提高名城保护的质量和水平。

c. 加强监督检查，加大城乡规划和文物保护执法力度，对违反《中华人民共和国文物保护法》《中华人民共和国城乡规划法》和《历史文化名城名镇名村保护条例》有关规定的行为，严肃依法查处；依法拆除严重影响街区保护和文物保护的违法建筑；依法依规追究相关责任人的责任。

d. 深挖名城价值，明确文化定位。明确各历史文化名城的文化发展定位，围绕定位开展针对性的文化宣传和文创产品策划，突出地方特色与差异性。加强历史文化名城之间的联系，彰显历史文化名城名镇名村各具魅力的特色。

② 加强宣传，建立专家制度。

a. 加大宣传力度，营造历史文化氛围。加强对历史文化名城的宣传，提高历史文化名城的知名度和影响力。建议成立由民间力量组成的"历史文化名城保护与发展咨询小组"，小组成员由热爱当地文化、熟知古城历史、懂得传统民居建造知识的民众组成，随时监督古建筑的修护、重建与整治等工作，以保证历史文化名城的古建筑在修缮与保护过程中保持原真性，达到"修旧如故"的目的。咨询小组有权利指出当地历史文化名城在保护与发展过程中的各种问题，并提出自己的意见，名城保护管理办公室对此要予以调查和答复。

b. 建立名城保护专家咨询制度，加强名城保护工作监督。成立历史文化名城保护咨询专家组，为名城、历史文化街区保护提供专业咨询和技术指导；同时设立历史文化名城保护办公室，具体承担名城保护、街区保护的工作协调职责。对名城保护范围内的建筑，应当组织专家编制群众易懂的指导图册，以直观的图形结合简洁明确的重点要求，引导群众对历史文化名城的认识理解。针对历史建筑中传统民居建筑以土木结构为主的特色，应当组织地方专家深入研究建筑材料及结构特色，针对具体的房子提出一对一的修缮技术指导，并研究新的技术，使修缮工作既能保证建筑风貌的历史特性，又能加强抵抗自然损坏的能力。

③ 规划引领，夯实工作基础。

a. 坚持规划引领，建立完善的保护规划体系。依托各名城编制国土空间规划的契机，尽快启动规划期至2035年的历史文化名城、名镇、名村保护专项规划编制工作。加快各个名城历史文化街区、文物保护单位和历史建筑改造实施的修建性规划编制与审批工作，按照规划实施细则，对历史文化街区、文物保护单位和历史建筑加以整治。

b. 统一规划先导，严格规划实施。对于历史文化街区的保护更新，应严格落实保护规划的相关要求，严控刚性指标。近期以历史文化街区的保护为主，远期开展建设控制地带和协调区的保护更新。

④ 完善法规，坚持依法行政。

a. 严格执行法律法规，加强文物保护工作。严格执行《中华人民共和国文物保护法》《中华人民共和国城乡规划法》《城市紫线管理办法》等法律法规，依法划定并明确各文物保护单位保护范围和建设控制地带，严禁在文物保护范围进行任何建设活动，严格控制文物保护单位建设控制地带的各类建设项目，严格控制历史文化街区开发建设，坚决杜绝私拆、私建等违法违规行为发生。

b. 制定激励机制，鼓励修缮历史建筑与传统院落。根据不同历史街区内传统民居院落的具体情况，制定有关政策和多种实施模式，改革现有房屋管理体制。针对历史城区内的历史文化街区，鼓励小规模、渐进式的民居修建，为整治房屋的户主设立专门的低利率贷款，用于房屋的整治与维修。尽量考虑保留老住户，对私房居民，鼓励自己维修，政府进行补贴。对无力自修的居民，则考虑收购或置换房产，使人口外迁。

⑤ 资金支持，鼓励社会资本积极参与名城保护工作。

a. 加大政府支持力度，加强多元化的资金支持。将历史文化名城的保护和管理工作纳入国民经济和社会发展规划，并将历史文化名城保护专项资金列入市县一级财政预算，尽快开展对破损严重、存在安全隐患的文物保护单位、历史建筑的保护性修缮工作，保持传统的历史空间格局和风貌环境。

b. 积极探索多渠道融资，探索由地方政府、管理部门和社会资本三方共同出资的有效方式，解决名城名镇保护利用的资金短缺问题。例如，天水市为加大历史文化保护力度，专门成立了天水名城保护投资发展有限公司，主要负责名城保护规划和基础设施开发利用等来为文化保护工作注入活力。另外，通过向全社会发行信托与债券等融资手段，进行大型历史文化遗产项目的开发，是国内外普遍采取的一种方法。建立多元化的历史文化名城保护投入机制，引导社会团体和个人积极参与历史文化名城保护和建设。应结合各名城的实际，在法律法规层面给予支撑，制定如东莞市历史文化名城保护社会资金引入暂行管理办法等，使进入历史文化名城保护的社会资金来源和使用规范化，形成政府主导、多元投入、共建共享的历史文化名城保护平台。

⑥ 统筹协调历史保护与城市发展的关系。

a. 加快历史文化街区人居环境的改善。积极稳妥推进历史城区、历史文化街区人居环境的改善工作。启动历史文化街区综合环境提升工程，科学制订完善基础设施和提升公共服务设施的年度工作计划，按照"先地下、后地上"的原则，根据轻重缓急合理确定项目安排，完善改造细节，增强人民群众的获得感。

b. 立足实际，大力发展文创产业。调整优化文旅产业布局，最大限度地体现历史文化名城的个性与光彩，提升旅游产业的成熟度。积极谋划和实施文保单位、历史建筑数字化保护项目，确保文物安全和合理利用。加强非遗保护传承工作，夯实非遗保护工作基础，推动非遗资源普查常态化，深入推进非遗与旅游融合发展，丰富文化旅游业态，创新传播方式，发挥微信、短视频、直播等新媒体的独特优势，加大非遗宣传的传播力度。

3. 确定保护与整治方式

处理好历史地段传统风貌保护与现代化发展的关系以及采取何种手段来提高居民居

住质量和生活条件，需要对每一地块、每一幢建筑提出明确的保护与整治方式，以使城市建设有依可循。历史地段保护与整治方式应建立在历史地段传统风貌保护系统规划的基础上。

历史地段传统风貌保护不仅仅意味着对建筑单体的保护，更重要的是对文物建筑周围的环境及其街坊整体的传统风貌、空间环境和人文环境进行保护，如街巷空间、街坊平面肌理、空间形态等，而且还需要与历史地段的用地功能调整、道路交通组织、步行交通系统组织、绿化水系空间组织等紧密结合，形成整体的保护与发展系统，并据此确定保护与整治方式，具体包括：保护——对保护项目及其环境所进行的科学的调查、勘测、鉴定、登录、修缮、维修、改善等活动；修缮——对文物古迹的保护方式，包括日常保养、防护加固、现状修整、重点修复等；维修——对历史建筑和历史环境要素所进行的不改变外观特征的加固和保护性复原活动；改善——对历史建筑所进行的不改变外观特征，调整、完善内部布局及设施的建设活动；整修——对与历史风貌有冲突的建（构）筑物和环境因素进行的改建活动；整治——为体现历史文化名城和历史文化街区风貌完整性所进行的各项治理活动。

4. 道路交通组织

历史地段内严禁过境道路穿越和过境车辆穿行。采用多种方式解决出行和车辆停放矛盾，方便居民，确保不破坏原有的历史风貌特征和空间尺度。在道路系统及交通组织上，应避免大量机动车交通穿越历史文化街区。历史文化街区内的交通结构应满足以自行车及步行交通为主。根据保护的需要，可划定机动车禁行区。历史街区内不应新设大型停车场和广场，不应设置高架道路、立交桥、高架轨道、客运货运枢纽、公交场站等交通设施，禁止设置加油站。特殊情况下，车行交通、车辆停放、交通换乘点等可在保护区以外解决和疏散，不进入内部；历史街区内道路的断面、宽度、线型参数、消防通道的设置等均应考虑历史风貌的要求。

对历史地段内道路交通设施的改善应尊重原有交通方式与特征，维护原有道路格局、街巷尺度和道路路面铺砌方式；路面铺砌已遭破坏的，应采用传统的路面材料及铺砌方式进行整修。街道命名宜采用历史上的原有名称。

5. 城市设计控制引导

历史地段作为城市发展的历史见证，主要体现在作为古代城市的杰出代表，典型地反映了古代城市的传统格局与艺术成就，具有极高的历史、文化、艺术及科学价值。如采用简单指标量化、条文规定和图则标定这三种一般性规划方式，则难以保证获得高质量的城市空间环境和保护城市特色。更为严重的是，如果仅停留于简单的形式，可能会磨灭古城精华，出现平庸的空间和建筑。具体而言，就是要求设计人员具有高超的城市设计技巧和强烈的城市设计意识，针对历史地段具体情况，精心设计，提出各具特色的方案构思。与此同时，为了便于日常管理，还需进行全面细致的研究，将城市设计成果提炼转化为城市设计导则，从建筑单体环境和建筑群体环境两个层面对历史地段内的建筑设计提出综合要求，包括具体的形体空间设计，主要涵盖以下两个方面的内容。

（1）建筑风貌引导

建筑风貌引导一般基于历史街区本身的传统建筑风貌，并在此基础上兼顾建筑风格的保护与发展。一般按照保护区和协调区对建筑风貌进行控制引导，使历史街区的传统建筑风貌得到有序的修补。建筑风貌引导主要包括建筑组合形式、建筑色彩、建筑材质和建筑附属设施等内容。

① 建筑组合形式。通过对历史建筑组合的空间形态现状进行原型分析和研究，由此解析和梳理出基本的片区空间组合原型，并在此基础上提出建筑平面组合形式的引导模式。

② 建筑色彩。历史街区中具体的建筑色彩运用色彩搭配方案应遵循"统一中求变化"的原则，在建筑选用推荐色谱基础上，综合建筑功能、材料和环境进行精心设计，同时适当融入有创意的色彩搭配元素。

③ 建筑材质。在对传统风貌建筑进行建筑材质取样和汇总的基础上，规定新建建筑以及修复的传统建筑应以当地传统建筑材质为主。严格禁止与传统风貌无法协调的现代材料在文物保护单位和历史建筑上进行使用，确需特殊现代材料时应经过专家论证。

④ 建筑附属设施。建筑外部附属设施如空调、太阳能热水器、商业店招、灯箱、广告牌等，应尽量隐蔽，并经过统一设计，确保与历史街区的传统风貌相协调。

(2) 环境空间引导

环境空间引导主要包括景观轴线、节点，空间界面，街巷肌理和景观小品等内容。

① 景观轴线、节点。景观节点是城市景观的突出部位，通常位于景观轴线的端部或交汇之处，可以分为门户节点、交汇节点和对景节点，往往需要设置地标建筑或公共开放空间（如广场和绿地）。

② 空间界面。以轴线和节点为核心，突出公共开放空间的景观重要性，并有必要对其周边或沿线建筑物空间界面的围合程度和风貌特征实施管控引导。

③ 街巷肌理。保护历史街区的整体肌理，新建区域应采用街区传统布局形式，尽量减少现代肌理与传统肌理的冲突。同时，风貌区改造时应注意保持传统肌理的多样性，避免改造后多样性的缺失。

④ 景观小品。通过对街巷环境要素（主要包括铺地形式、绿化树种、路灯、垃圾箱和地下管道井盖等）、广场和绿地环境要素（主要包括铺地、绿化和小品等）、庭院环境要素（主要包括庭院景观小品等）的设置和引导，使之最大限度地与历史街巷的传统风格相融合。

参考文献

[1] 中华人民共和国住房和城乡建设部.地铁设计规范:GB 50157—2013[S].北京:中国建筑工业出版社,2013.

[2] 陈罡,陆兴桃,刘浦.城市更新背景下历史文化街区交通系统规划设计研究:以沙井大街为例[J].交通与港航,2023,10(5):81-85.

[3] 陈志龙,诸民.城市地下步行系统平面布局模式探讨[J].地下空间与工程学报,2007,(3):392-396,401.

[4] 郝春艳,褚智荣,孙惠颖.城市地下空间规划与设计研究[M].长春:吉林科学技术出版社,2022.

[5] 胡纹.城市规划概论[M].3版.武汉:华中科技大学出版社,2022.

[6] 黄宇轩.城市更新中的历史文化遗产保护策略研究[J].城市建设理论研究(电子版),2024(33):1-3.

[7] 贾崴.城市规划与设计研究[M].北京:现代出版社,2022.

[8] 江苏省城市交通规划研究中心.关于城市更新视角下道路品质提升的思考.[EB/OL].[2021-10-1]. https://mp.weixin.qq.com/s/0lc1MlDIsxxa6XNvGhI-Bg.

[9] 蒋雅君,郭春.城市地下空间规划与设计[M].成都:西南交通大学出版社出版,2021.

[10] 李朝阳.城市交通与道路规划[M].武汉:华中科技大学出版社,2009.

[11] 李强,巩天涛,常建伟,等.城市规划与发展建设研究[M].长春:吉林科学技术出版社,2023.

[12] 李子玉,乔永康,吴晓雷,等.城市更新地区地下空间开发利用规划策略研究[J].现代隧道技术,2022,59(S1):143-151.

[13] 梁锐,王润强.城市规划概论[M].长沙:湖南人民出版社,2017.

[14] 林鸽.探究园林景观生态规划设计与可持续发展[J].智能城市,2020,6(8):49-50.

[15] 刘嘉茵.现代城市规划与可持续发展[M].成都:电子科技大学出版社,2017.

[16] 刘平,冯国芳.城市商业区地下空间开发利用规划探析[J].工程建设与设计,2019(14):14-15.

[17] 刘艳娟.城市园林景观规划和设计的可持续发展思考[J].低碳世界,2021,11(3):252-253.

[18] 刘洋,庄倩倩,李本鑫.园林景观设计[M].北京:化学工业出版社,2019.

[19] 陆化普.城市交通规划与管理[M].北京:中国城市出版社,2012.

[20] 潘璐,刘春雨.TOD一体化理念在城市更新规划中的实践与思考[J].城市设计,2024(1):30-37.

[21] 彭芳乐,乔永康,董蕴豪,等.新发展阶段城市地下空间开发利用发展战略研究[J].中国工程科学,2024,26(3):176-185.

[22] 祁彤彤.城市景观设计中的多功能性空间规划探析[J].林业科技情报,2025,57(1):153-155.

[23] 郄光春,李兆萌.面向可持续发展的城市交通系统规划目标探讨[J].江西建材,2020(4):52,54.

[24] 饶传富,张海文,王仙芝,等.关于"城市更新"进程中对历史建筑保护的探讨与建议:以成都市为例[J].四川建筑,2024,44(S1):78-81.

[25] 施泉,王国晓,江苏都市交通规划设计研究院."小街区、密路网"模式下的道路规划设计探索:以南京江北新区核心区为例[EB/OL].[2020-06-17]. https://mp.weixin.qq.com/s/ODshNYfZC-GIVT3vSG3grIw.

[26] 史文正.城乡历史文化遗产的保护与开发[M].长春:吉林人民出版社,2021.

[27] 宋建成,吴银玲.园林景观设计[M].天津:天津科学技术出版社,2016.
[28] 汪应桃.城市小区园林景观设计与植物配置探析[J].工程建设与设计,2021(10):20-22.
[29] 王博.城市更新进程中的街道景观设计探究[J].工程建设与设计,2025(3):6-8.
[30] 王会波,别治明.建筑遗产保护与利用研究[M].延吉:延边大学出版社,2022.
[31] 王嘉,白韵溪,宋聚生.我国城市更新演进历程、挑战与建议[J].规划师,2021,37(24):21-27.
[32] 王峤.城市规划设计[M].北京:北京大学出版社,2019.
[36] 王颖怡.城市更新中的历史文化遗产保护策略探究[J].建筑设计管理,2025,42(2):63-67,88.
[33] 吴党社.中小城市道路系统规划研究[D].西安:西安建筑科技大学,2017.
[34] 阳建强.城市规划与设计[M].2版.南京:东南大学出版社,2015.
[35] 杨家璇,韩效.城市发展历程中城市更新的梳理总结:以成都市实践为例[J].城市建筑,2023,20(23):135-139.
[36] 于晓,谭国栋,崔海珍.城市规划与园林景观设计[M].长春:吉林人民出版社,2021.